AF368902

MANUEL PRATIQUE

DE

Menuiserie en Bâtiment

PAR

J. PÉCHALAT

Menuisier

AVEC 123 FIGURES DANS LE TEXTE

PARIS

LIBRAIRIE BERNARD TIGNOL

H. NOLO, SUCCESSEUR

PUBLICATIONS DE LA

LIBRAIRIE DE L'ÉCOLE CENTRALE DES ARTS ET MANUFACTURES

53 bis, Quai des Grands-Augustins, 53 bis

MANUEL PRATIQUE

DE

Menuiserie en Bâtiment

BIBLIOTHÈQUE DES ACTUALITÉS INDUSTRIELLES, N° 162

MANUEL PRATIQUE

DE

Menuiserie en Bâtiment

PAR

J. PÉCHALAT

Menuisier

AVEC 125 FIGURES DANS LE TEXTE

PARIS

LIBRAIRIE BERNARD TIGNOL

H. NOLO, SUCCESSEUR

PUBLICATIONS DE LA
LIBRAIRIE DE L'ÉCOLE CENTRALE DES ARTS ET MANUFACTURES
53 bis, Quai des Grands-Augustins, 53 bis

A MONSIEUR RENÉ VALLERY-RADOT

qui s'est intéressé très vivement

A CE MANUEL

L'Auteur dédie ce livre

en témoignage de profonde reconnaissance

INTRODUCTION

La plupart des ouvrages publiés sur la menuiserie sont d'un .prix trop élevé ; ils sont, en outre, beaucoup trop techniques pour être compris par un débutant. On peut aussi leur reprocher de ne pas expliquer suffisamment l'exécution du travail et de ne pas donner la solution des difficultés que rencontre l'ouvrier dans la pratique journalière de son métier.

Le but de ce modeste livre est d'exposer sous une forme claire et compréhensible, ce que doit savoir l'apprenti menuisier.

Il trouvera ici résumé, sous forme de conseils et de remarques pratiques, le produit d'une longue expérience. La lecture de cet ouvrage sera une excellente préparation pour aborder ensuite, lorsque la pratique aura fait de l'apprenti un bon ouvrier, l'étude d'ouvrages plus étendus que le nôtre.

Notre seul but est de faciliter et de rendre plus attachants et plus agréables à l'apprenti ses débuts dans un métier des plus honorables.

Notre travail est divisé en trois parties ; dans la première nous donnons un résumé de la géométrie appliquée à la menuiserie et à la construction des escaliers, cette première partie est terminée par une description de l'outillage du menuisier.

La seconde partie traite de la menuiserie plane : le travail du bois, le tracé et l'exécution, et l'étude pratique de la menuiserie courbe.

Enfin, la troisième partie est consacrée au tracé et à la construction des escaliers.

Nous donnons ensuite une étude de la préparation du bois destiné au travail mécanique et, pour terminer, une série de recettes utiles à notre profession.

MANUEL PRATIQUE

DE

MENUISERIE EN BATIMENT

PREMIÈRE PARTIE

Le jeune apprenti sort ordinairement de l'école où l'on vient de lui enseigner les premières notions du dessin, il ne saurait donc être tout à fait étranger aux principes de l'art du trait.

Nous indiquerons ici les éléments de géométrie pratique qui sont indispensables à l'exercice de notre profession.

CHAPITRE PREMIER

FIGURES GÉOMÉTRIQUES

Demi-circonférence (fig. 1). — Cette demi-circonfé-

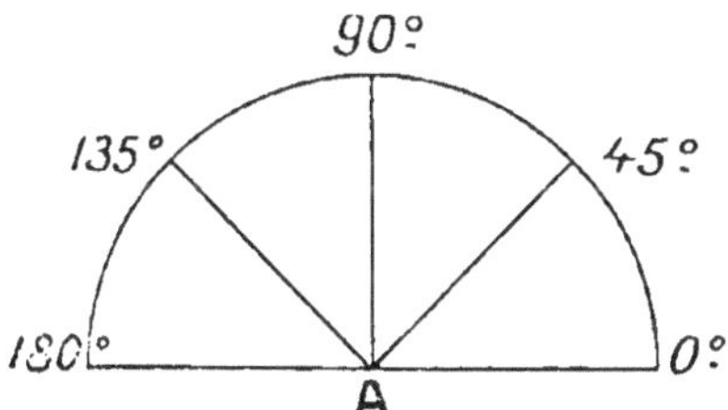

Fig. 1. — Equerre et onglet.

rence est divisée de 0 à 180 degrés en quatre parties de 45°. La ligne de A au 45° est, par rapport à la base, l'angle dit d'onglet ; la ligne de A au 90° et perpendiculaire à la base est l'angle dit d'équerre ; la coupe dite à pan coupé est l'angle intermédiaire entre l'angle d'onglet et l'équerre.

Diamètre (fig. 2) AB diamètre. — On appelle diamètre une ligne droite qui part d'un point de la circonférence et va aboutir à un autre point de la circonférence en passant par le centre.

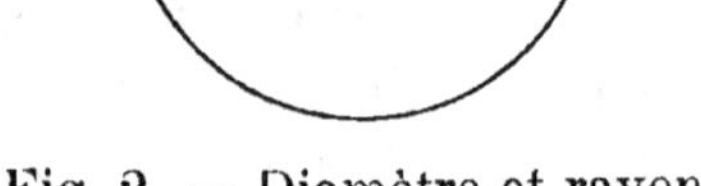

Fig. 2. — Diamètre et rayon.

Rayon (fig. 2) OC rayon. — On appelle rayon une ligne droite qui va du centre à la circonférence.

Corde (fig. 3) AB corde. — On appelle corde une ligne droite qui joint les extrémités d'un arc.

Flèche (fig. 3) CD flèche. — On appelle flèche la ligne droite qui part de la moitié de la corde et va aboutir à la moitié de l'arc.

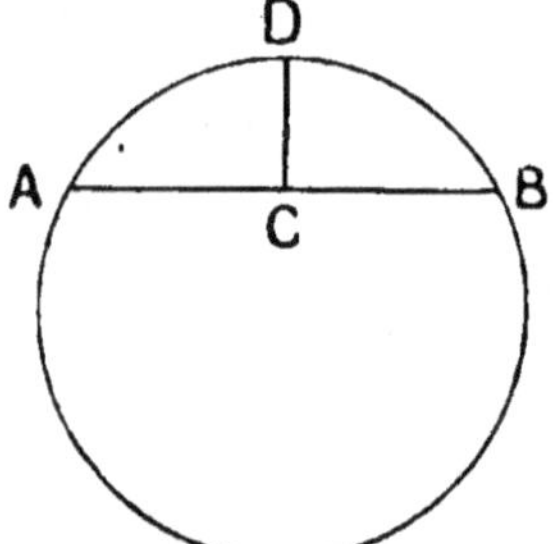

Fig. 3. — Corde, flèche et arc.

Arc (fig. 3) ADB arc. — On appelle arc une portion quelconque de la circonférence.

Cintre surbaissé (fig. 4). — Le cintre surbaissé est
un arc, pour le tracer, on divise la largeur A B en deux
parties égales ; on élève du milieu *o* la perpendiculaire *a b*;
on porte sa hauteur ou flèche *o i*, on joint les points A *i*, *i* B,

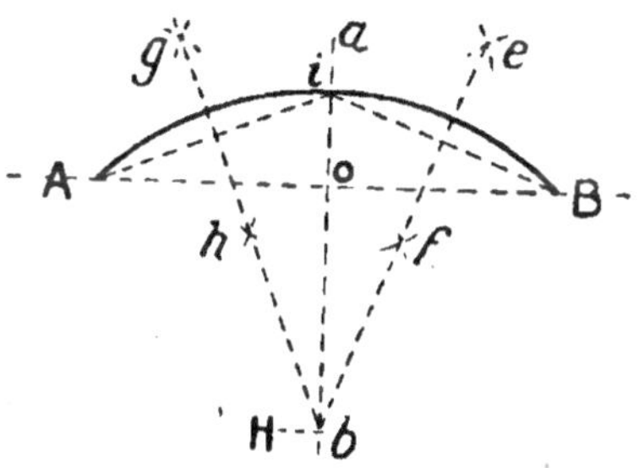

Fig. 4. — Cintre surbaissé.

au milieu de ces deux lignes on élève les perpendiculaires
g h, *e f*, le point d'intersection H de ces lignes détermine le
centre d'un arc qui passant par les points A B sera l'arc ou
cintre surbaissé cherché.

Anse de panier (fig. 5). — L'anse de panier a la forme
d'une demi-ellipse ; elle est formée d'arcs de cercle se rac-

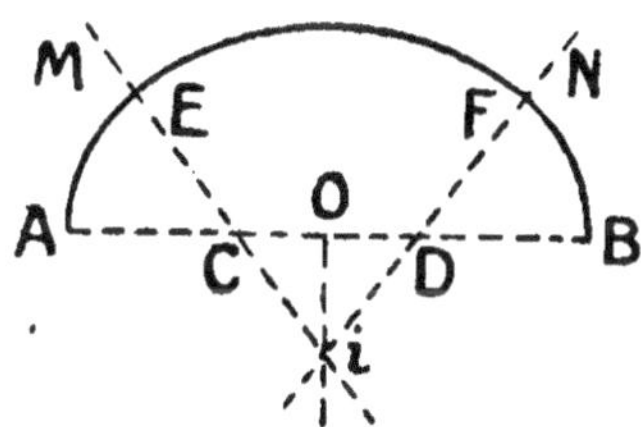

Fig. 5. — Anse de panier.

cordant entre eux. Pour tracer une anse de panier à trois
centres, par exemple, on divise A B en trois parties égales ;
on élève du milieu *o* une perpendiculaire au point *i*. On tire
les droites *i* C M et *i* D N. Des points C, D, on trace les arcs
A E et B F ; enfin, du point *i*, on trace l'arc E F.

Plein cintre (fig. 6). — Le plein cintre est une moitié
de circonférence, la hauteur ou rayon étant égale à la moitié
de la largeur ou diamètre.

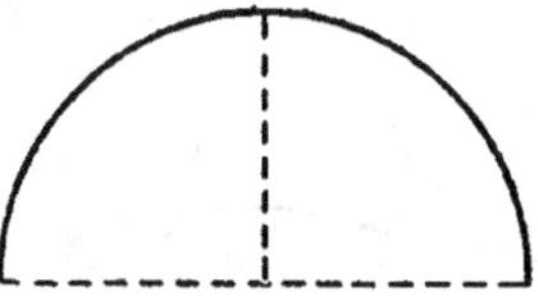

Fig. 6. — Plein cintre.

Ogive. — L'ogive est une courbe formée par la rencontre
de deux arcs ayant même rayon et dont les cordes et la ligne
qui joint les centres font un triangle isocèle ou équilatéral.

L'angle formé par les deux arcs est le sommet de l'ogive.

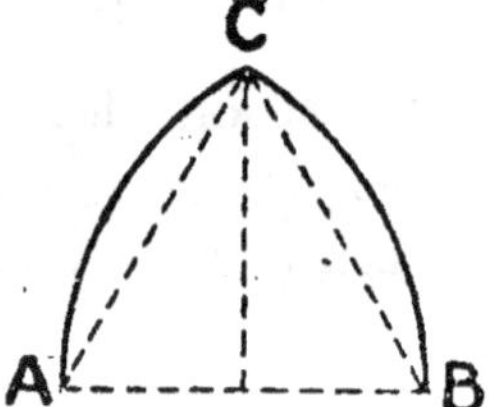

Fig. 7. — Ogive triangle équilatéral.

Lorsque la ligne des centres et les cordes des arcs forment
un triangle équilatéral (fig. 7), le tracé de l'ogive est facile :
du point A, on trace l'arc C B ; du point B, on trace l'arc C A.

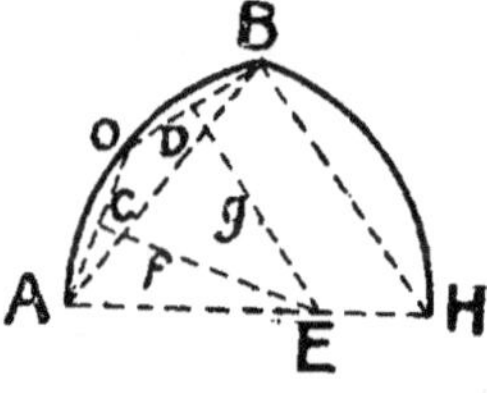

Fig. 8. — Ogive triangle isocèle.

Lorsque la ligne des centres et les cordes des arcs forment
un triangle isocèle (fig. 8), on recherche les centres des arcs,
on divise l'arc A B, en deux parties égales en O, on joint les

points A O, O B, au milieu de ces lignes on élève les perpendiculaires C f, D g, le point d'intersection E de ces lignes détermine le centre d'un arc qui, passant par les points à A B, sera l'arc cherché, avec la même ouverture de compas on trace l'arc B H.

Ovale ou fausse ellipse. — Pour tracer un ovale par exemple celui représenté fig. 9, on divise la longueur a b en trois parties égales, aux points c d; puis, de chacun de ces deux points comme centre, avec une ouverture de compas égale à c a, décrire deux circonférences qui, en se coupant, détermineront deux points f e. Le premier, f, sera le centre de l'arc g k, le second, e, sera celui de l'arc h i. Pour avoir

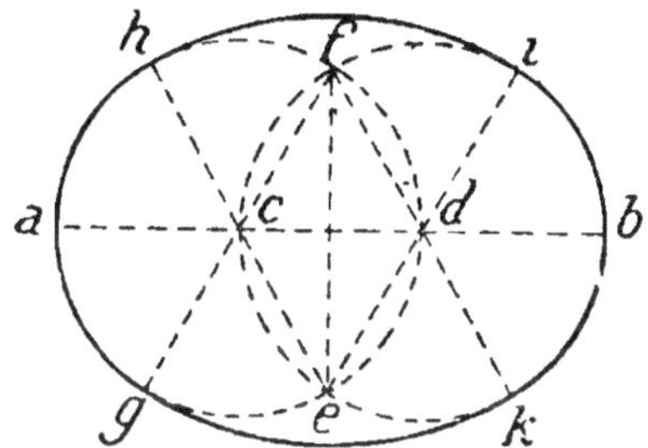

Fig. 9. — Ovale.

les points de raccordement g et k, par le point f et chacun des centres c et d, on tire les deux droites f c, f d, on les prolonge jusqu'aux deux premières circonférences, aux points g et k. Les points h et i s'obtiennent d'une manière semblable. Puis avec les points e et f comme centre on raccorde les deux circonférences.

Autre tracé d'ovale (fig. 10). — On divise la longueur en quatre parties égales. Puis on décrit les trois cercles égaux indiqués par la figure, et, au moyen d'une perpendiculaire menée par le centre de l'ovale, on détermine les

points *b a*, ce sont les centres des arcs *e f* et *c d* qui termi-
nent l'ovale, en se raccordant avec les cercles extrêmes, aux
quatre points *e, f. c. d.* Ces points de raccordement se déter-

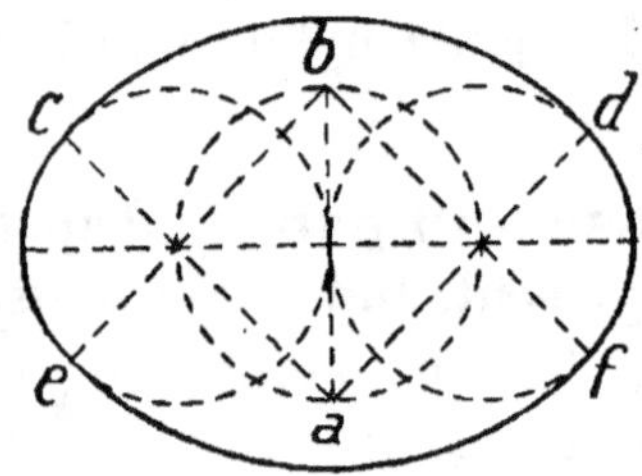

Fig. 10. — Ovale.

minent d'ailleurs par un procédé analogue à celui employé
pour la figure précédente.

Ellipse véritable. — L'ellipse étant, après le cercle, la
courbe la plus employée par les ouvriers en escaliers, nous
indiquons ici le moyen le plus simple pour obtenir une

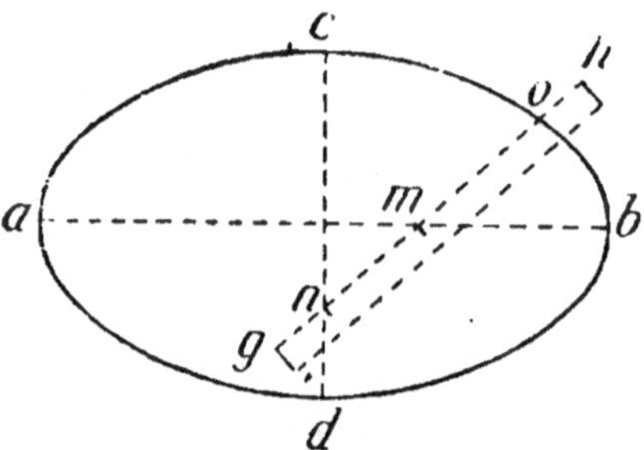

Fig. 11. — Ellipse.

suite de points du contour de l'ellipse, au moyen d'une
règle, à l'aide de ces points on construit facilement l'ellipse
(fig. 11). Voici en quoi il consiste. Après avoir tracé les deux
axes *a b* et *c d*, on prend une règle *g h*, on y marque le
point *o*, on prend ensuite à partir du point *o*, *o m* égal à la

moitié du petit axe, et *o n* égal à la moitié du grand axe. Cela fait, on porte sur la figure sa règle, en ayant soin que le point *n* soit toujours sur la ligne *c d*, en même temps que le point *m* soit sur la ligne *a b*. Dans cette position le point *o* vous indiquera toujours un des points de la courbe, en faisant une série de points qu'on raccordera entre eux on aura l'ellipse véritable.

Hélices ou spirale cylindrique. — On appelle hélice une espèce de spirale dont tous les points se projettent sur une même courbe. L'un d'eux est situé sur la courbe même, c'est l'origine de l'hélice. Les autres sont situés à l'aplomb de la même courbe et à des hauteurs inégales. Ces hauteurs doivent toujours être proportionnées à la grandeur de l'arc qui, sur la courbe servant de base, sépare leurs projections de l'origine de l'hélice. La figure 12 représente l'élévation, ou la projection verticale d'une hélice à base circulaire. Pour la construire, on divise le cercle en 8 parties égales, à partir d'un certain point *o*, qui sera l'origine de l'hélice ; on tire par ce point le diamètre 0-4, on élève de ce diamètre les perpendiculaires des points 0 ou 8, 1-7, 2-6, 3-5, 4. Ensuite on tire au diamètre 0-4 une

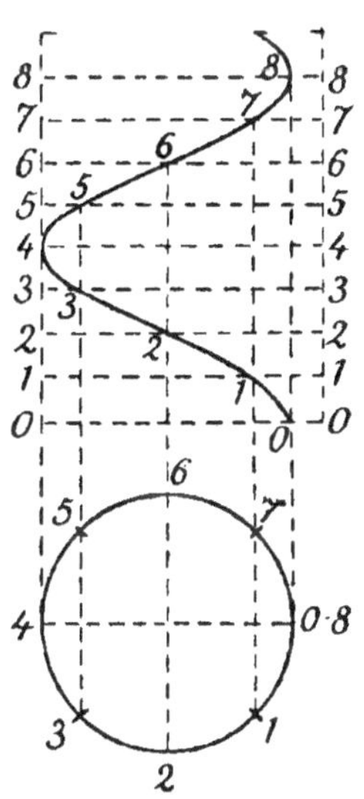

Fig. 12. — Hélice ou spirale cylindrique.

parallèle 0-0, et au-dessus les autres 1-1, 2-2, 3-3, 4-4, 5-5, 6-6, 7-7, 8-8. Les points 1, 2, 3, 4, 5, 6, 7, 8, qui fixent l'hélice, sont où les parallèles et les perpendiculaires de même numéro se correspondent ; en reliant à main levée les différents points de l'hélice on a le pourtour de cette dernière.

Coupe fuyante (fig. 13). — Quant on veut trouver la coupe d'une moulure qui doit se raccorder dans un angle, on trace sur le bord d'une planche dont on a dressé le champ au préalable une demi-circonférence.

De son centre *o*, on trace avec la fausse équerre A la

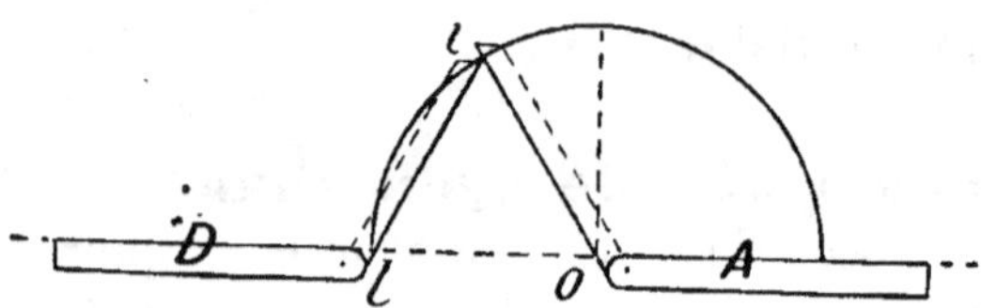

Fig. 13. — Coupe fuyante.

ligne *o-i*, qui est l'angle dont on veut trouver la coupe ; en pointant la fausse équerre D de *l* à *i*, on a la coupe cherchée. On se sert de ce tracé pour trouver la coupe de plinthe, cimaise, corniche, etc., qui sont en retour dans un angle de mur.

Tracé de la coupe courbe (fig. 14). — Le tracé des coupes courbes est le même pour tous les cas ; en voici un exemple. Pour trouver la coupe du raccord des moulures A et B, ayant tout d'abord fixé la largeur de chacune des moulures, on trace les lignes *a-a* marquant le milieu du profil ; l'intersection des deux lignes détermine le point *o*, de ce point comme centre avec un rayon quelconque, l'on décrit une circonférence ; puis des deux extrémités N-*i* de la coupe, avec le même rayon,

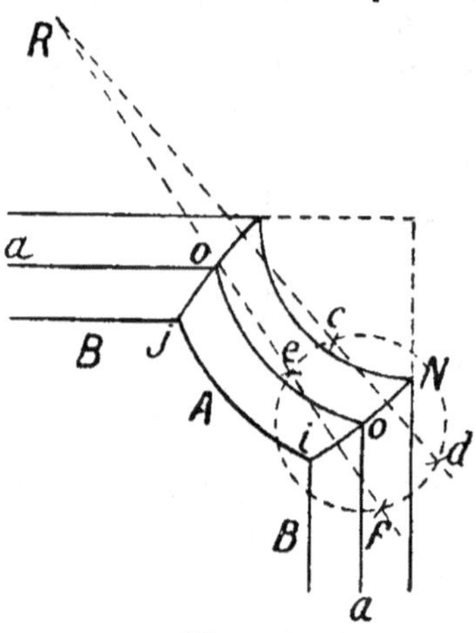

Fig. 14.

Tracé de la coupe courbe.

on porte sur la circonférence les points *c-d e-f*, on joint les points *c-d e-f* par des lignes droites que l'on prolonge ; ces lignes se coupent en R. Ce point est le centre de l'arc *n o i*, qui est la coupe cherchée.

Profils de moulures. — Les moulures employées en menuiserie sont formées d'un assemblage de profils divers, c'est en combinant les profils représentés (fig. 15); employés avec plus ou moins de modifications qu'on obtient tous les genres de corniches et moulures usitées en menuiserie.

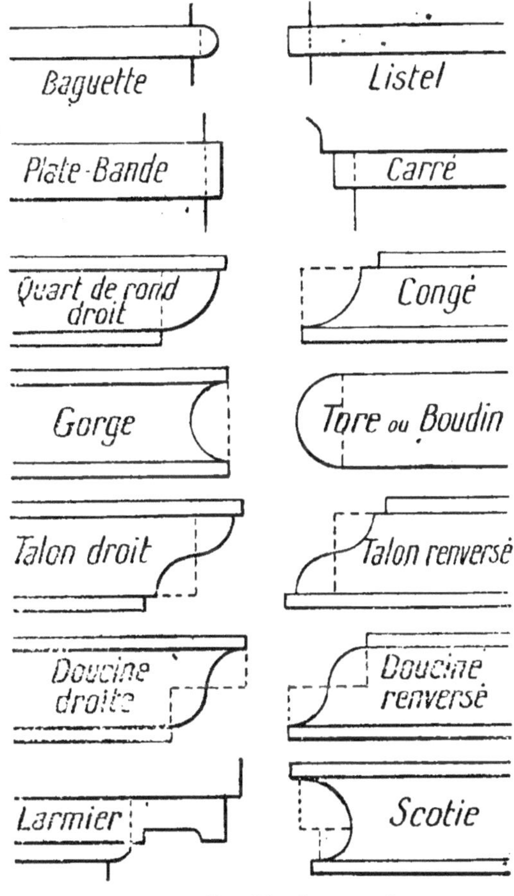

Fig. 15. — Profils de moulures.

CHAPITRE II

LES OUTILS ET LEUR ENTRETIEN

Vous ne saurions trop insister sur l'utilité du bon entretien des outils ; grâce à des outils en parfait état on peut obtenir un travail fini avec le minimum de fatigue, tandis qu'avec des outils mal entretenus on ne peut arriver à bien ; avant d'apprendre à travailler on devrait apprendre à entretenir les outils dont on aura plus tard à se servir. Nous ne croyons pas utile de représenter les outils, car l'apprenti connaît déjà les noms de quelques-uns et aura vite appris à les connaître tous.

Pour débiter le bois qui est en feuillet, planche ou madrier, il faut la scie à débiter pour couper en travers ; la scie allemande, ou scie à refendre dans le sens du fil du bois ; l'égoïne qui sert à refendre ou à débiter les parties larges. Il nous faudra ensuite la scie à tenons, la scie à araser, scie légère à denture fine dont on se sert pour faire le menu travail ; la scie à cheville et la scie à chantourner pour débiter le travail cintré.

Ces différentes scies doivent être affûtées et entretenues de telle sorte qu'elles puissent passer facilement dans le bois sans forcer ni tirer d'aucun côté et conserver l'avance dans le sciage. Il faut donc observer trois choses principales : 1º que la lame soit bien droite dans le sens du tranchant, de telle manière que toutes les dents mordent en sciant, s'il y a des dents qui dépassent les autres elles doivent être limées, afin qu'elles soient toutes au même alignement ; 2º il faut que la scie ait une voie bien régulière. Pour donner de la voie, on se sert d'une pince spéciale qui sert à obliquer alternativement les dents à droite et à gauche suffisamment pour qu'en regardant la scie dans le sens du tranchant la voie forme une épaisseur égale et unie d'environ une fois et trois quarts l'épaisseur de la lame, ne pas dépasser cette épaisseur ; s'il y avait trop de voie, les dents laisseraient entre elles un léger vide ; la scie au travail n'avancerait pas. elle dardélerait dans le bois, à cause du léger vide qu'il y aurait entre les dents ; il faut que les dents se recouvrent bien l'une sur l'autre au milieu de la voie ; 3° on donne au bas de la scie à l'attaque du bois moins de crochet aux dents que dans le haut, il faut que la scie attaque sans forcer. il faut donc qu'elle ne morde guère ; dans le haut. le crochet qu'on lui donne en plus est compensé par le fait que le sciage est moins éloigné de la main. la scie est plus facile à conduire et on a progressivement plus de force lorsque le bras est moins allongé. Ces trois conditions observées, un limage des dents bien horizontal et d'équerre suivant la lame, et la scie doit travailler rapidement et régulièrement *sans forcer*.

Pour le limage, on tient le tiers-point des deux mains, la main droite au manche. la gauche à l'extrémité du tiers-point, on peut ainsi le tenir dans la même inclinaison et limer bien horizontalement. On commence à limer du côté du bas de la scie afin de rabattre le fil de l'extrémité de la dent du côté du crochet ; pour limer on attaque franchement la dent sans trop appuyer sur le tiers-point. au retour de ce dernier, on le soulève légèrement pour qu'il ne frotte pas sur la lame.

Avec les scies qui servent aux débitages des bois, il faut pour travailler ces derniers, le *riflard*, qui a le coupant légèrement rond et qui sert à dégrossir le bois. puis la *varlope*. pour finir de dresser et dégauchir le bois.

Nous allons voir les conditions et précautions nécessaires pour qu'elle marche bien ; les remarques que nous donnons au sujet de la varlope se rapporteront à tous les outils à fûts en bois et plane en dessous.

Une varlope doit être bien droite dans le sens de sa longueur et bien dégauchie en son travers, il est superflu de dire qu'elle ne pourrait pas dresser et dégauchir du bois si elle n'avait cette qualité. Comme le dégauchissement du dessous d'une varlope doit être d'une grande exactitude, vu le peu de largeur du dessous, si on vérifiait directement le bois à l'œil on ne serait pas sûr de cette exactitude. Pour vérifier le gauche, on se sert de deux petites règles tirées de largeur et qu'on pose en travers du dessous de la varlope à chaque extrémité, on dégauchit à même les deux règles, on obtient par ce procédé un dégauchissement rigoureusement exact. La varlope dégauchie et dressée, il faut que son fer soit affûté bien droit sur son tranchant ainsi que le biseau de ce dernier, qu'il soit bien d'affût, c'est-à-dire qu'une fois le fer en place il dépasse régulièrement sur le travers de la varlope, il faut avec le fer un contre-fer qui s'ajuste parfaitement ; le contre-fer doit briser le copeau et dans la varlope qui finit le corroyage du bois on approche le contre-fer assez près du tranchant pour qu'il brise le copeau le plus court possible afin d'avoir peu d'éclats, si le contre-fer n'était pas bien ajusté, il arriverait ceci : l'extrémité du contre-fer ne briserait pas le copeau, ce dernier passerait entre le contre-fer et le fer et l'outil s'engorgerait. Le contre-fer et le fer étant bien ajustés, il faut que posés à leur place sur l'outil le coin qui les maintient les fassent appliquer exactement sur la pente où ils reposent. Il arrive parfois que le fer ne repose que sur un côté ou qu'il ne joint pas le bois vers le tranchant, alors quand on fait marcher la varlope, le fer tressaute et on ne peut se servir de l'outil ; on dit dans ce cas que la varlope broute ; il faut remédier à ceci, soit en touchant le bois, soit en collant au bout de la pente vers la lumière une bande de cuir ou de feutre où reposera exactement le fer ; on ne laissera guère de lumière pour l'entrée des copeaux, un millimètre et demi pour le plus, s'il y avait trop de lumière le fer enlèverait les copeaux de trop loin, ce qui nuirait à la bonne marche de l'outil ; ainsi préparée on peut se servir avantageusement de la varlope.

Par la suite, le bois de son fût se déformera par l'usage, il creusera à l'avant du fer, s'usera davantage d'un côté que de l'autre, ou sous l'influence des intempéries se tordra ; on vérifiera de temps en temps son fût d'outil, et on le rendra plane toutes les fois qu'il sera utile. Pour les outils courts tels que les rabots et guillaumes, pour dresser les fûts quand il n'y a guère à retoucher, on fixe une feuille de papier verré n° 5 sur une planche bien plane et on frotte le fût dessus, en le maintenant convenablement.

Règle, équerre, pièce carrée. — Ces trois outils qui servent à tout instant, au débit du bois, au traçage et à

Fig. 16. — Vérification d'une règle.

la vérification du travail, etc., ont une grande importance. Pour vérifier si la règle est bien droite, on tire sur une planche d'un des côtés de la règle un trait au crayon (fig. 16) et toujours du même côté, mais en retournant la règle, on tire un autre trait sur le premier. Si la règle est juste, les deux traits doivent se confondre d'un bout à l'autre et n'en faire qu'un, si la règle est creuse ou ronde, les deux traits ainsi tracés s'écartent l'un de l'autre. On dresse son champ de règle afin de le mettre rectiligne, puis du champ dressé on trace la règle au trusquin pour la mettre exactement de largeur. Pour la vérification de l'équerre et de la pièce carrée, on dresse un champ de panneau, sur ce champ on joint le talon de l'équerre et une face de la pièce carrée (fig. 17), de la branche de l'équerre et de l'autre face de la pièce carrée, on tire un trait au crayon, et il en est de même que pour la règle si ces outils sont justes, il faut qu'en les retournant de droite à gauche, que les deux traits qu'on trace sur le travers du panneau n'en fassent qu'un seul.

Fig. 17. — Vérification de l'équerre et de pièce carrée.

Bédanes, ciseaux, gouges. — Pour les bédanes et les ciseaux à bûcher, c'est-à-dire ceux dont on se sert à l'aide d'un maillet, pour mortaiser ou enlever de gros éclats de bois, on leur laisse le biseau du tranchant un peu court pour obtenir une plus grande résistance. Pour les ciseaux à regréer qui n'ont pas à subir de fatigue et qui doivent couper finement, on leur donne un biseau allongé ; le tranchant de tous les ciseaux doit être d'équerre et le biseau droit. Les gouges doivent être arrondies régulièrement dans le sens du tranchant, pour qu'on puisse regréer facilement dans les angles des moulures ; le bon emmanchage de ces trois genres d'outils demande une attention toute spéciale, d'abord il faut que le manche soit bien en main, ensuite qu'il soit bien d'aplomb suivant l'outil.

Bouvet en deux pièces. — Il est indispensable que ce bouvet soit réglé à l'écartement voulu (on laisse à l'écartement, un millimètre de plus derrière, pour permettre le glissement) et qu'il soit bien maintenu par ses clefs de serrage. Le fer de ce bouvet demande à être bien fixé. Pour le maintenir on lui fait en-dessous une entaille qui vient s'ajuster à la joue en fer, ce fer est aussi du côté du dehors maintenu par une vis ; la bonne marche de l'outil dépend souvent de la joue de conduite, le frottement de cette joue contre le bois à bouveter la fait user davantage sur le bord ; il vient un moment qu'elle talusse, ce qui la fait coincer au fur à mesure qu'on bouvète plus profond, on vérifie souvent cette joue qu'on maintient d'aplomb dans l'alignement du fer, même on la dégraisse légèrement en dedans, cette joue demande à être suifée fréquemment pour faciliter le glissement et réduire l'usure ; ce qu'on doit faire à cette joue se rapporte à tous les bouvets à jointer, moulures et autres outils où il en existe une.

Bouvet à jointer. — Dans les petits bouvets, la languette et la rainure sont sur le même fût, pour les grandes épaisseurs ils forment deux outils séparés, l'un pour la languette, l'autre pour la rainure, même le premier au lieu d'avoir un fer fourchu a deux fers. La bonne marche de cet outil dépend beaucoup des fers, il faut qu'ils soient bien affûtés, pour celui servant à pousser la rainure, on affûte son tranchant d'équerre et on l'amincit légèrement du derrière sur les côtés, afin qu'il ne tire pas dans le bois ; pour l'autre servant à pousser la languette, entre les branches, on introduit une petite cale en bois dur qui les empêche de se resserrer, puis on l'affûte, les deux extrémités d'équerre entre elles, le milieu du tranchant légèrement à dos d'âne pour que l'assemblage porte bien sur les deux faces. Le contraire se produirait s'il était creux sur le travers du tranchant ; alors le joint porterait à la base de la languette et bâillerait du dehors. S'il s'agit de l'outil à languette à deux fers, on l'affûte pour lui donner la forme du précédent. Les fers ainsi préparés, il faut qu'ils soient bien réglés sur le fût de l'outil sinon l'assemblage disjoindrait c'est-à-dire une planche déborderait sur l'autre. Une autre chose est à observer : il faut que les fers de ces outils soient affûtés souvent. S'il en était autrement, le frottement de va-et-vient de l'outil en travail provoquerait l'usure sur les côtés davantage vers le tranchant et formerait ainsi au bout d'un certain temps une sorte de coin qui briderait d'autant plus dans le bois que l'on bouveterait profondément.

Outils à moulures. — L'outil à moulure est une sorte de rabot dont le champ de dessous est contre-profilé exactement à la moulure qu'on désire ; la moulure est faite par le fer de ce rabot dont le tranchant ou profil est découpé et affûté de manière à s'adapter au contre-profil de l'outil. On affûte le fer à de petites meules émeri de différents profils ou avec des limes de forme voulue et même au grès, le morphilage se fait avec des pierres à l'huile spéciales ; l'affûtage des fers demande beaucoup d'attention et l'exactitude du profil est le plus important pour le bon fonctionnement de l'outil. Lorsque l'on pousse l'outil, il arrive qu'il s'engorge ceci provient de ce que la lumière n'est pas assez dégagée, c'est-à-dire allongée sur le côté de l'outil pour la fuite du copeau, ou encore que le coin avance trop sur la lumière ou laisse un vide entre la joue. Il est facile de remédier à cet inconvénient. Un autre peut se produire, quand on pousse l'outil dans du bois de rebours. Le fer fait alors des éclats, pour y remédier, on met un des doigts de la main qui tient l'outil devant la lumière ; ce doigt empêche le dégagement du copeau qui reste dans la lumière et fait contre-pression au copeau suivant qu'il brise, remplaçant ainsi le contre-fer qui manque à cet outil et par là empêche de faire des éclats qui seraient préjudiciables à l'ouvrage.

Racloir. — Cet outil dont on se sert pour finir le travail est assez difficile à bien affûter. On affûte les champs au tiers-point ou au grès, sur ce dernier on le frotte en le tenant légèrement de biais suivant la ligne, ou on le pousse de manière à obtenir le champ le plus au carrément et à

vives arêtes, puis on le frotte à plat pour finir d'aviver les
angles. On répète ces opérations sur la pierre à l'huile pour
rendre l'affûtage plus lisse ; ainsi préparé avec soin, on lui
donne le fil. Pour obtenir ce fil, on se sert d'un outil appelé
effiloir qui n'est autre qu'une tige d'acier trempé très dur,
aux angles arrondis et bien polis. On place son effiloir qu'on
tient de la main gauche, à plat, sur l'établi, on frotte dessus
les champs du racloir qu'on tient bien verticalement de la
main droite ; avec le doigt on s'assure du fil donné. Toutefois
il est à remarquer que le premier relevage de fil après l'affûtage ne coupe jamais finement, aussi pour cette première
fois, on rabat le fil obtenu, pour cette opération le racloir
est mis à plat sur l'établi, on le tient solidement de la main
gauche, de la main droite on promène l'arrondi de l'effiloir
en appuyant fortement sur les quatre côtés où il y a le fil et
ceci bien horizontalement, on promène la main sur le racloir
pour s'assurer que l'opération est bien faite ; il ne reste plus
qu'à redonner le fil en s'y prenant comme il est dit précé-
demment.

Limes, râpes. — En limant le bois, l'intervalle qui est
entre les dents des limes et râpes s'emplit ; il se forme une
pâte qui devient dure, il faut alors nettoyer ces outils pour
qu'ils continuent à mordre sur le bois. On retire l'empâ-
tement qui est entre les dents avec une pointe à tracer et on
frotte ensuite avec une brosse un peu raide. Beaucoup d'ouvriers se servent, pour nettoyer leurs limes, d'alcool déna-
turé. Ils les en imbibent et y mettent le feu. Ce procédé est
plus expéditif, mais nous ne le conseillerons pas : la flamme,
bien qu'elle n'échauffe guère en apparence le corps de
la lime, a cependant chauffé assez la fine extrémité du coupant des dents de la lime pour la détremper, toute la flamme
produite par l'alcool n'a agi que sur le coupant. Chacun des
outils dont nous venons de parler ainsi que d'autres, boîtes

à recaler (outils spéciaux pour finir les coupes détachées), plate-bande, feuilleret, entaille, etc., s'achètent complets chez les outilleurs. Il nous reste à examiner les précautions à prendre pour exécuter les boîtes à coupes qui se font tout en bois et par l'ouvrier, au fur et à mesure de leurs besoins.

Boîtes à coupes. — Il y a plusieurs genres de boîtes à coupes : 1º la boîte à couper les moulures à grand cadre, corniche et toutes moulures détachées (ces coupes se finissent ordinairement aux boîtes à recaler), cette boîte (fig. 18) se fait de 3 morceaux de planches d'environ 2 centimètres d'épaisseur pour les côtés et 3 centimètres pour le fond, on

Fig. 18. — Boîte à coupe pour moulures détachées.

lui donne environ 40 centimètres de longueur, pour la largeur et la profondeur de la boîte on se guide sur les dimensions des moulures qu'on veut couper. Sur cette boîte dont on a bien corroyé le bois, on trace sur le haut des traits d'équerre, d'onglet ou en pan coupé, — traits qu'on relève à l'équerre sur les côtés ; au milieu du tracé on passe un trait de scie en le suivant exactement et jusqu'à toucher le fond. Lorsque l'on a une moulure à scier, on la met dans la boîte, l'endroit à scier sur la ligne de la coupe, on fixe d'une main sa moulure qu'on fait appuyer contre le fond et un côté de la boîte et de l'autre main on coupe la moulure à la scie dont on fait passer la lame dans le trait de scie de la boîte, trait qui sert à la guider pendant le sciage. Pour les moulures non détachées, telles que les moulures à petit cadre sur les battants de portes, chambranles, etc., on se

sert de boîtes à coupes qu'on pose et maintient à même sur
le bois à l'endroit où on veut faire sa coupe, on en fait
de deux genres, la boîte simple (fig. 19), dont on se sert
pour les coupes qui ne traversent pas le bois, c'est-à-dire
dans le travail qui n'a qu'un parement avec moulure ; 2° la
boîte à coupe (fig. 19), à deux côtés qui emboîtent exactement le battant et dont on se sert pour les coupes tra-

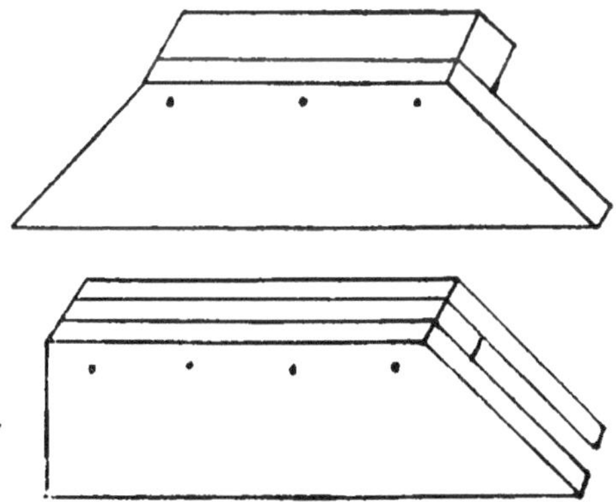

Fig. 19. — Boîtes à coupes pour moulure à petit cadre.

versant le bois dans le travail ayant une moulure des deux
parements, inutile de dire que ces boîtes doivent être rigoureusement exactes et recalées sur les coupes, car ce sont ces
coupes qui guident la lame de scie. Les côtés de ces boîtes se
font en bois de 25 millimètres d'épaisseur, à moins qu'il ne
s'agisse que de toutes petites boîtes que l'on fait en bois plus
minces en comparaison de la grandeur. Le dessus de la boîte
se fait en bois de 32 millimètres, on lui donne environ
35 centimètres de longueur. Relativement aux largeurs on se
guide sur l'épaisseur du battant et la hauteur de la moulure
où doit se faire la coupe ; pour la hauteur, il faut que le côté
de la boîte descende bien plus bas que la moulure pour qu'il
puisse bien s'appuyer sur la partie du battant non mouluré.
On a tout intérêt à faire ces boîtes en bois épais. Il faut que

a lame de scie puisse bien reposer sur la boîte avant d'attaquer la coupe, ce qui permet de bien commencer, chose importante, car un trait de scie mal commencé ne se rattrape pas facilement. Comme dans ce genre de coupe on ne peut retoucher qu'au ciseau, on ne saurait trop prendre de précautions pour faire sa coupe juste à la scie. Quand on a bien attaqué le battant, on suit à la scie sans l'endommager la coupe en dehors de la boîte qui doit être bien maintenue à l'endroit voulu.

Pour bien faire ces coupes, on se sert d'une petite scie légère et bien en main, qui ne fatigue pas le bras ; car comme c'est principalement pour les coupes d'onglet que l'on se sert de ces boîtes, la scie étant couchée, pour peu qu'elle fût lourde on n'en serait pas très maître, surtout si on avait une grande quantité de coupes à faire. La scie réservée à ce genre de travail doit avoir la lame à petite denture et amincie du côté du dos. On lui donne très peu de voie afin de ne pas endommager la boîte, on met parfois des garnitures en fer sur les coupes. Nous ne conseillons pas ce système qui abîme promptement les lames de scie, surtout entre des mains inexpérimentées.

DEUXIÈME PARTIE

CHAPITRE III

ASSEMBLAGES — LAMBRIS

La menuiserie est l'art d'assembler le bois afin de le rendre utile à nos besoins.

Pour être assemblé, on doit débiter le bois, qui est en feuillet, planche et madrier, à des dimensions voulues pour le travail à exécuter. Naturellement on choisira la planche qui conviendra le mieux et représentera le moins de perte possible. S'agit-il de qualité? le travail apparent, destiné à être poli, ciré ou verni, exigera le plus beau bois. Le bois inférieur sera réservé pour le travail de peu d'importance ou destiné à être peint, mais en règle générale, il ne faut pas laisser de nœud ou autre défaut pouvant porter préjudice aux assemblages.

Débitage. — Sur la planche choisie, on trace au crayon les différents morceaux nécessaires ; ces morceaux en seront

Fig. 20. — Débit d'un châssis de porte à vitres.

extraits à la scie à débiter et à la scie à refendre, la (fig. 20) représente une planche tracée prête à être sciée : sur les morceaux tracés on a marqué leur établissement, c'est-à-dire la destination qu'on veut leur donner. Le débit de cette planche est pour une porte à vitres. On le reproduit sur le châssis assemblé (fig. 21).

Dans l'exemple que nous donnons, le débit est fait sans perte de bois. Mais il arrive que la planche a des défauts ; carie, piqûre, roulure, gelure ou nœuds vicieux ; le cœur de l'arbre et l'aubier sont aussi compris dans les défauts ; dans

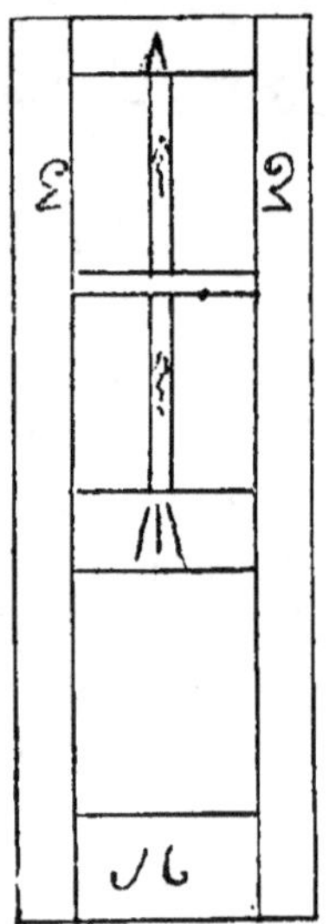

Fig. 21. — Etablissement d'un châssis.

ce dernier cas on prend ses mesures pour que des morceaux de grandeur correspondent au bois sain.

Pour le traçage du débit, on doit laisser un bon centimètre de plus long aux montants et traverses et 5 millimètres de plus en largeur que ce qui est marqué sur le plan en grandeur naturelle du travail que l'on veut faire. Ces dimensions plus fortes permettent de corroyer et de tracer le bois. Quand les différents morceaux du châssis ont été extraits de la planche, on les corroie, c'est-à-dire que l'on travaille le bois dont on a besoin pour le mettre juste aux dimensions nécessaires. A l'aide du riflard et de la varlope on met d'abord une face bien droite sur le sens de la longueur et bien dégauchie en son travers. On doit la mettre absolument plane, de telle sorte qu'en la regardant soit en long soit en travers, la vue ne rencontre aucune arête qui dépasse l'autre. Toutes doivent être bien parallèles ; mais, si faute d'épaisseur de bois, on ne pouvait la dresser d'une manière irréprochable, — ceci en longueur seulement, — on pourrait lui laisser une légère courbe, bien régulière dont on tiendrait compte en établissant le travail. Dans le sens de la largeur, le dégauchissement doit être bien régulier, autrement en assemblant, l'ouvrage se gauchirait. Une face dressée et dégauchie, on établit un champ droit et d'équerre ; la mise d'équerre a autant d'importance que le dégauchissement. Il résulte que le même soin doit être apporté à ces deux choses, après la mise d'équerre, on trace au trusquin la largeur puis l'épaisseur. Au riflard et à la varlope on ôte le surplus de bois jusqu'au trait que le trusquin a laissé ; cette dernière phase du corroyage doit être faite bien juste pour qu'il n'y ait pas de désaffleurement surtout sur les épaisseurs, ce qui serait un grand inconvénient pour le travail où il y a des moulures sur les deux faces. Le bois ainsi préparé est prêt pour le traçage. Nous parlerons plus loin de ce dernier ; cherchons d'abord le genre d'assemblage qui conviendra le mieux ou qui sera commandé par la nature du travail que l'on veut faire.

Assemblages. — Nous allons passer en revue les assemblages les plus employés dans les ateliers. Nous diviserons ces assemblages en trois catégories : les assemblages en bois de fil, pour réunir deux morceaux de bois dans le sens du fil du bois ; les assemblages en bois debout servant à relier deux pièces de bois bout à bout ; les assemblages en bois de travers, c'est-à-dire que de deux pièces l'une vient s'assembler en bois debout dans le fil du bois de l'autre.

Assemblage en bois de fil. — Le plus simple de ce genre est à plat joint, c'est-à-dire celui où l'on dresse les champs de deux planches de manière qu'en les mettant l'une sur l'autre, leurs champs se joignent sur toute la longueur et les planches bien d'aplomb l'une sur l'autre ; on l'emploie si l'on manque de largeur de bois ou si l'on a des moulures profilées en bois debout. Si ce joint est bien fait la moulure est nette dans l'assemblage.

Dans les planches épaisses on emploie aussi le plat joint avec rainures pour fausse languette. Sur chaque champ du

Fig. 22. — Joint à fausse languette.

bois des deux planches à assembler, on pousse une rainure au bouvet en deux pièces. Ces rainures se font d'environ un centimètre et demi de profondeur (fig. 22), elles servent à recevoir une fausse languette. Ces deux genres de joints chauffés et collés sont très solides quand ils sont à l'abri de l'humidité.

Le plus employé des assemblages en bois de fil, celui que l'on emploie d'habitude pour assembler les panneaux, les tablettes, deux planches formant angle, etc., c'est l'assem-

Fig. 23. — Joint à languette et rainure.

blage à rainure et languette. On se sert pour ce joint du bouvet à jointer ; on pousse une rainure d'un côté, une languette de l'autre sur les champs bien dressés de deux planches (fig. 23) ; on bouvète autant que possible avec un bouvet qui pousse la rainure au milieu et en prenant le tiers de l'épaisseur du bois, pour avoir le maximum de résistance. Parfois il

convient mieux, par exemple — dans un panneau à un parement, pour éviter qu'une moulure ou une plate-bande mette
à nu le bouvetage, car rarement celui-ci joint convenablement à fond de rainure — de bouveter avec un bouvet plus
fort pour laisser davantage de joue en parement.

Pour l'assemblage de deux pièces formant angle, on le fait

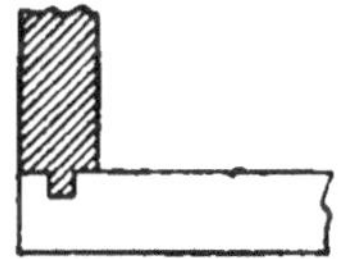

Fig. 24. — Assemblage sur un angle.

de deux manières. Dans la première, l'assemblage (fig. 24)
se bouvète par tiers environ de l'épaisseur de la planche qui
porte la languette.

S'agit-il, pour la seconde manière, d'assemblage dans un
angle ; quand on désire conserver une joue plus forte à
l'assemblage, on le fait à languette bâtarde ; on bouvète soit
au bouvet en deux pièces soit avec un bouvet à jointer bien
plus fort que pour le bois employé. Il faut que le dehors de
la languette arrive à fleur de l'épaisseur du bois (fig. 25). Ce

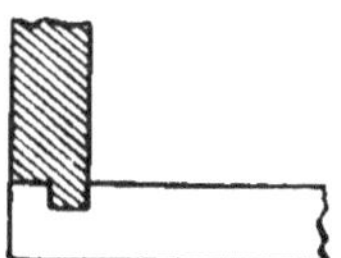

Fig. 25. — Assemblage sur un angle, languette bâtarde.

joint demande une certaine attention, la joue de la languette
doit être bien d'équerre et cette dernière doit venir joindre
dans le fond de la rainure quand les deux parties sont en
place à l'angle désiré, on se sert de ces deux joints pour
assembler les côtés d'armoire, les lambris.

Embrèvement. — L'embrèvement se fait au bouvet en deux pièces ; on emploie cet assemblage pour les moulures à grand cadre (fig. 26), qui sont embrevées dans des bâtis ;

Fig. 26. — Embrèvement de grand cadre.

dans le battant à gueule de loup des croisées (fig. 27) ; pour assembler les tables saillantes (fig. 28) et dans beaucoup d'autres cas se rapportant aux trois embrèvements figurés. Pour faire l'embrèvement (fig. 26), on replanit d'abord le

Fig. 27. — Embrèvement de gueule de loup.

bâti en parement, ensuite on trace au trusquin l'épaisseur du bâti sur le dos de la moulure, on cherche un fer de bouvet qui enlève cette épaisseur de moitié (soit pour 3 centimètres d'épaisseur de bâti un fer de 15 millimètres) ; on

Fig. 28. — Embrèvement de table saillante.

pointe le bouvet en deux pièces de façon à laisser 15 millimètres entre la joue de l'outil et le fer, on donne à la profondeur environ 1 centimètre, puis l'on bouvète la moulure en contre-parement, le bâti en parement, ce qui donne une rainure dans la moulure et une languette bâtarde dans le bâti qui s'ajustent exactement à l'embrèvement demandé. L'embrèvement de la table saillante se fait de la même manière, mais, au lieu d'un fer qui emporte la moitié du bois du bâti, on se sert d'un fer de bouvet emportant exactement la moitié de l'épaisseur du bois qui s'embrève un dans l'autre.

Pour l'embrèvement du battant à gueule de loup, on replainit d'abord les parements de la pièce la plus mince, puis on prend l'épaisseur de cette pièce, qui a, par exemple, 3 centimètres ; on cherche un fer qui fasse le tiers de cette épaisseur soit d'un centimètre ; on pointe le bouvet de deux pièces de manière à pousser une rainure bien au milieu du bois, ce qui laisse une languette de chaque côté de 1 centimètre ; au compas on porte l'épaisseur de l'embrevé soit 3 centimètres, bien au milieu de la côte ou gueule de loup ; cette dernière a, par exemple, 46 millimètres d'épaisseur laissant de chaque côté de nos 3 centimètres portés, 8 millimètres de champ ; on pointe alors le même bouvet à laisser 8 millimètres de bois entre la joue et le fer. Le bouvetage nous donne, en poussant le bouvet des deux côtés du bois, deux rainures de 1 centimètre laissant entre elles une languette de même épaisseur. Au montage, les deux pièces s'ajustent exactement l'une dans l'autre. Les moulures à grand cadre à double parements s'embrèvent dans leur châssis de la même manière que le battant à gueule de loup.

Assemblages en bois debout. — Ces assemblages, qu'on appelle dans les ateliers, entures, se font de beaucoup

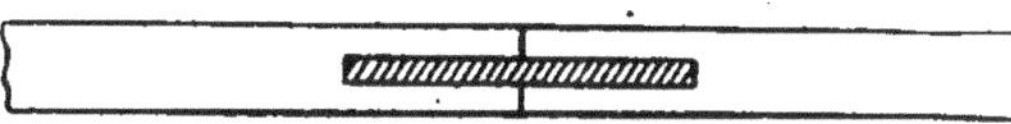

Fig. 29. — Enture à clef rapportée.

de manières. Nous allons voir les plus employés. Il y a l'enture à plat joint avec enfourchement et clef rapportée servant de liage (fig. 29) ; on emploie cet assemblage quand les deux pièces qui vont bout à bout ne font que juste la longueur voulue. On l'emploie aussi pour assembler les cerces de cintre entre elles. Quand on a de la longueur, on fait un tenon au bout d'une des pièces qui va se loger dans une mortaise sans épaulement ou enfourchement pratiquée dans

Fig. 30. — Enture à enfourchement.

l'autre pièce. Cet assemblage (fig. 30) porte le nom d'enture à enfourchement. Ces joints se collent et chevillent.

Enture à sifflet. — On emploie couramment cette enture pour allonger des moulures, des battants de portes,

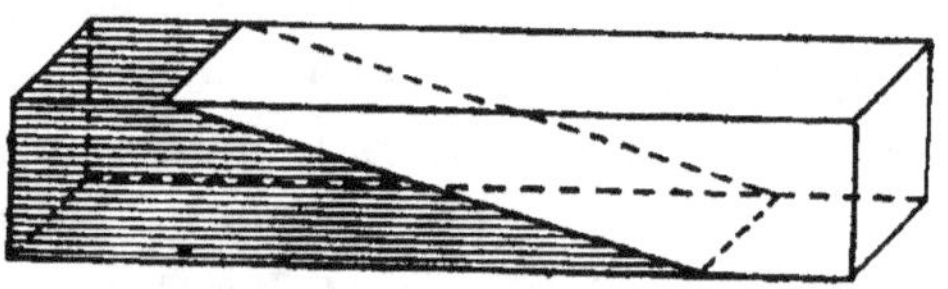

Fig. 31. — Enture à sifflet.

croisées, persiennes, etc. Elle se fait des trois manières suivantes. A plat joint (fig. 31). Dans ce cas, on fait la pente du joint un peu allongée, d'environ trois fois la largeur du bois pour permettre à la colle de bien adhérer au bois ; la colle

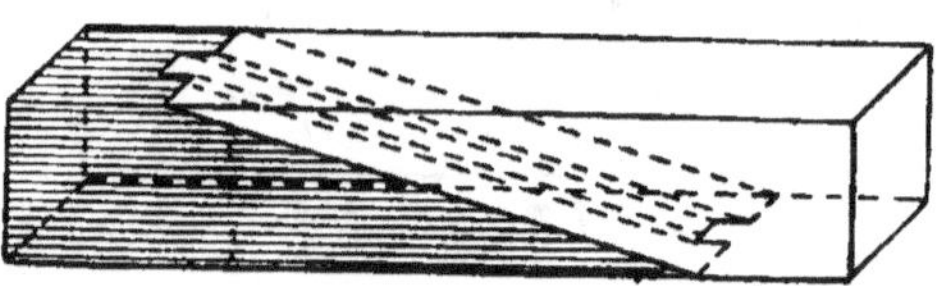

Fig. 32. — Enture à sifflet à rainure et languette.

prend très peu sur le bois debout ou coupé peu en pente. La deuxième manière se fait en poussant au bouvet à jointer une rainure sur la pente d'un des morceaux, destinée à recevoir une languette, que l'on pousse sur la pente de l'autre sifflet de l'enture (fig. 32). La troisième enture que l'on

emploie principalement pour le bois épais se fait dans le
genre de la précédente, mais au lieu de bouveter le joint au
bouvet à jointer, on pousse avec le bouvet de deux pièces ;
ou encore on fait sauter une rainure au bédane après l'avoir

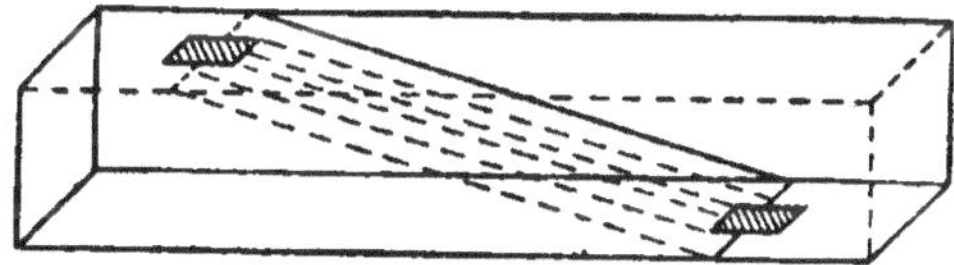

Fig. 33. — Enture à sifflet à fausse languette.

tracée de chaque côté à la scie et de profondeur, au milieu
de la pente des deux pièces de bois. Dans ces rainures on
ajuste à plein une fausse languette (fig. 33). Ces trois genres
d'assemblages collés, cloués ou vissés sont très solides.
Quand on a besoin d'une enture qui demande une grande

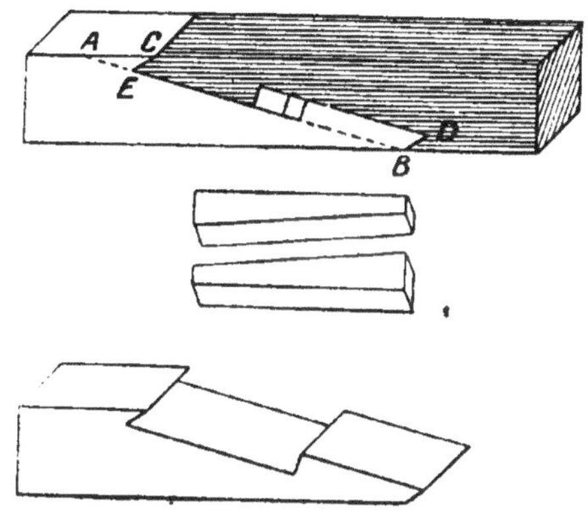

Fig. 34. — Enture à trait de Jupiter à joints obliques.

résistance, pour des travaux ayant à supporter de la fatigue,
on emploie l'enture à trait de jupiter. Ce genre d'assemblage
se fait de plusieurs façons ; nous allons examiner le plus
employé. celui à trait de jupiter à joints obliques (fig. 34).
Cet assemblage demande à être fait avec beaucoup de préci-

sion. Il est alors très propre et d'une grande solidité, il est celui qui convient le mieux au ravalement des moulures à raison de ses coupes obliques. Pour tracer cet assemblage, on porte sur la largeur du bois à l'aide de la fausse équerre une ligne oblique A B, au-dessus on trace une seconde ligne C D ; l'intervalle de ces deux lignes est l'épaisseur de la clef de serrage, puis des points B et C on trace des lignes à 45 degrés qui déterminent la coupe des arasements. On termine le tracé en divisant la ligne E B en cinq parties, la partie du milieu sera pour le vide destiné à la clef, on fera ensuite sauter les entailles suivant le tracé comme le montre la figure 33. L'assemblage ainsi préparé, on se sert de la clef qui est faite de deux morceaux en pointes et qu'il faut faire entrer de force entre les deux parties de l'assemblage pour exercer un tirage qui fait serrer les joints.

Assemblages en bois de travers. — Ce sont les assemblages les plus nombreux. Nous allons voir leurs applications les plus fréquentes. Comme tous ces assem-

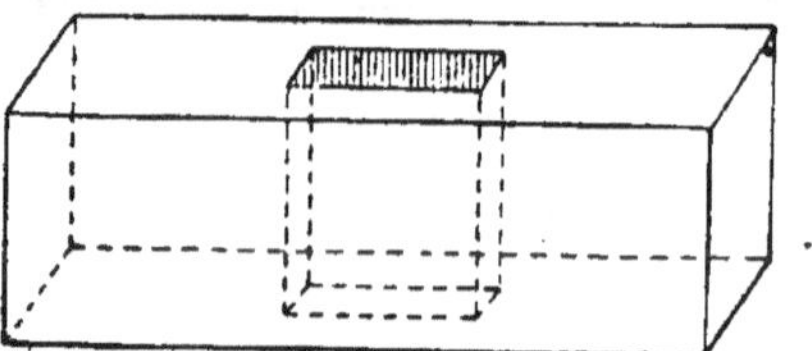

Fig. 35. — Mortaise.

blages ont comme choses essentielles la mortaise et le tenon, avant d'en entreprendre l'énumération, nous allons expliquer la manière de s'y prendre pour faire convenablement ces deux choses et obtenir les coupes. La mortaise (fig. 35) est une entaille qu'on fait au bédane dans le sens du fil du bois ; elle se fait d'habitude au milieu et au tiers de l'épaisseur du bois, on trace son épaisseur au trusquin à assemblage qui est muni de deux pointes traçant à l'intervalle voulu, on limite sa longueur par deux traits suivant la demande; pour la façonner, on fixe le bois à mortaiser sous le valet et obliquement sur l'établi, de manière à l'avoir bien en face de soi, le champ du bois bien d'aplomb. On commence à entailler le bois pour faire la mortaise au trait le plus près, en ce moment la face du bédane est vers soi et on tient l'entaille d'aplomb du côté où l'on a commencé, le derrière en pente. Ceci est pour gagner le plus rapidement possible la profondeur qu'on désire à la mortaise. Cette profondeur atteinte, on retourne le bédane de face et, en partant du commencement de l'entaille, en prenant chaque fois trois millimètres et plus, suivant la dureté du bois, on entaille d'aplomb et à profondeur, jusqu'au trait fixant la longueur de la mortaise. A chaque coup de maillet, on donne au bédane une légère secousse en arrière pour faciliter le dégagement du copeau qu'on enlève chaque fois qu'on est à profondeur. Pour faire la mortaise bien d'aplomb, il faut qu'en mortaisant, le bédane et son manche soient bien à l'œil dans la direction du bois, c'est-à-dire qu'en le comparant avec les lignes du champ du bois qu'on mortaise, il ne penche d'aucun côté. Pour la mortaise qui traverse, on la fait d'abord d'un champ de la moitié de la profondeur, puis on la reprend de l'autre champ pour finir de traverser.

Le tenon. — Quand l'arasement où doit s'arrêter le tenon est relevé sur les quatre faces, avec le même trusquin qui a tracé la mortaise, on marque l'épaisseur du tenon au bout du bois et sur les deux champs jusqu'aux traits d'arasement. Il faut, bien entendu, trusquiner la mortaise et le tenon, en se guidant sur le même parement du bois ; on fait le tenon (fig. 36) en deux fois. A la scie on attaque le bois en bout de la traverse du point le plus éloigné, on partage le trait, le passage de la scie en dehors du tenon; on fait deux sciages obliques partant des traits inférieurs du

bout du tenon à l'arasement du dessus, on retourne son
bois, cette fois en sciant d'aplomb suivant l'arasement, on
s'arrête à ce dernier; une grande souplesse des bras est

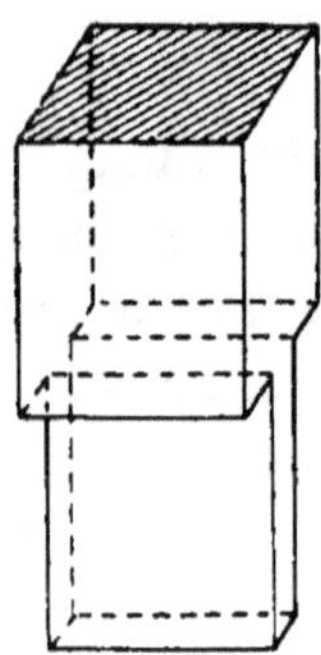

Fig. 36. — Tenon.

nécessaire pour faire les tenons comme d'ailleurs tous les
sciages.

Les coupes. — Les coupes se font ordinairement à
l'aide de boîtes à coupes destinées à cet usage. Pour les
coupes dont on n'a pas de boîtes, on les trace au crayon ou
à la pointe sèche à l'angle et la forme voulue, puis on les fait
à la scie en suivant le traçage, le trait de la scie en dehors
du tracé. Pour les coupes communes, les coupes d'onglet
d'un battant de porte par exemple on pose l'arête du dedans
de la boîte à coupe au milieu du trait de largeur de la traverse, on maintient soit à la main soit au valet d'établi la
boîte dans cette position pendant tout le sciage. Pour ce dernier, on applique la lame de scie bien à plat contre le haut
de la boîte, on maintient cette position à la lame en appuyant
légèrement dessus le pouce de la main gauche ; on scie la
coupe sans forcer la lame et en suivant exactement le dehors
de la boîte jusqu'à la profondeur de la moulure qu'on ne
doit pas dépasser.

Assemblages en bois de travers. — L'assemblage de cette catégorie (le plus simple) se compose d'une mortaise faite à l'extrémité du bois d'une pièce et d'un tenon dans le bout d'une autre, on l'appelle assemblage à enfourchement (fig. 37). La mortaise se fait comme un tenon. La seule différence est que le trait de scie passe en dedans des deux traits qui marquent l'épaisseur de la mortaise,

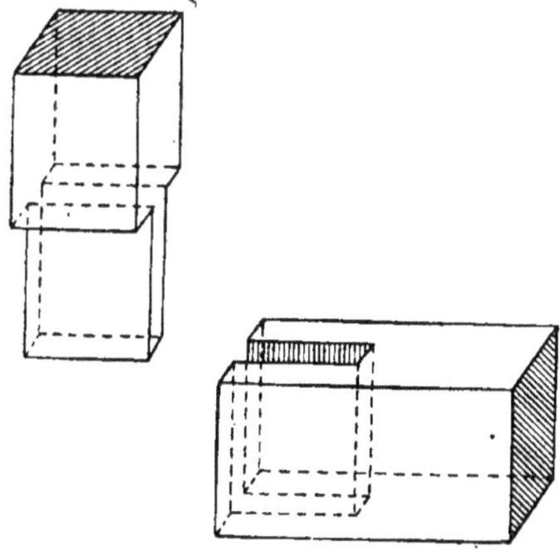

Fig. 37. — Assemblage à enfourchement.

on fait sauter le bois intérieur au bédane. Ce genre d'assemblage, qui n'offre pas une grande solidité, s'emploie dans les parties fixes, comme les cadres dormants des portes et croisées, ces ouvrages étant scellés aux murs n'ont pas besoin de maintenir eux-mêmes leur carrément.

Assemblage à épaulement. — Cet assemblage (fig. 38) se pratique aussi à l'extrémité d'une pièce de bois, mais, au lieu de continuer la mortaise, on l'arrête à deux ou trois centimètres du bout de la pièce. La partie pleine de l'extrémité se nomme épaulement. On épaule le tenon d'une quantité égale pour venir s'ajuster à plein dans la mortaise. Cet assemblage est bien plus solide que le précédent. Il se fait à tous les châssis mobiles.

Ces assemblages sont faits sur du bois corroyé d'équerre. Lorsqu'ils sont pratiqués sur des châssis garnis de feuillures, de rainures ou ornés de moulures, ces dispositions donnent lieu à un tracé spécial pour les arasements du tenon et la disposition de la mortaise. Nous allons examiner quelques exemples qui en les modifiant pourront s'adapter à tous les cas pouvant se présenter. Quand les châssis sont garnis de

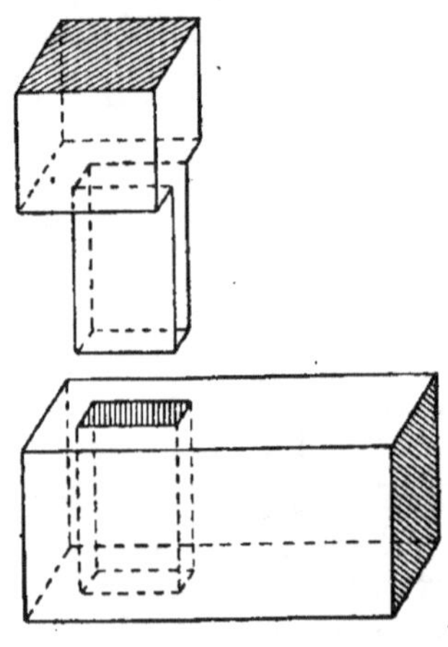

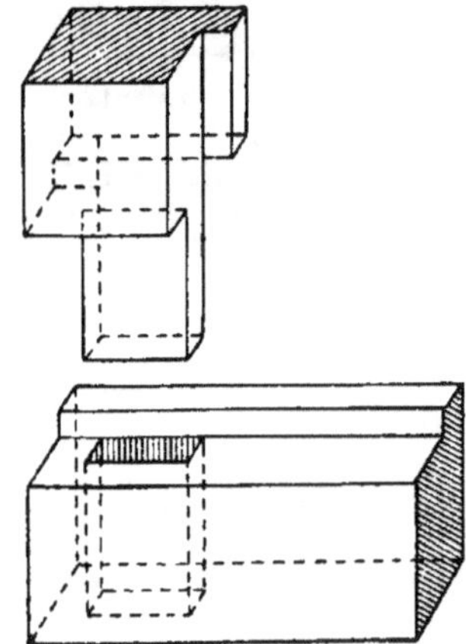

Fig. 38.

Assemblage à épaulement.

Fig. 39. — Assemblage
avec ravancement
pour feuillure.

feuillures ou rainures, ces dernières diminuent la largeur du tenon de toute leur profondeur. Pour que le tenon entre à plein dans la mortaise, on est obligé d'en tenir compte pour la façon de cette dernière et sur son tracé. On porte un ravancement égal de la profondeur de la feuillure ou rainure ; quand le châssis a une rainure sur son champ, l'arasement de la traverse ne se trouve pas modifié, il vient buter au carrément sur les deux joues qu'a laissées la rainure. Il n'en est pas ainsi quand le châssis (fig. 39) est garni de feuillures ; la feuillure emporte le bois de sa profondeur sur une des faces ou parements du châssis, ce qui force à modifier l'arasement du tenon du même côté ; il faut qu'on lui laisse un ravancement à venir exactement joindre le fond de la feuillure. Lorsque les châssis sont ornés de moulures sur leurs arêtes, les angles des arasements ne sont plus d'équerre, ils sont d'onglet ; quant il y a une moulure qui n'est que d'un parement, la largeur de la moulure est indiquée sur le battant du côté de la moulure, l'arasement du tenon est du même côté ravancé de cette largeur ; l'entaille dans le battant est faite en réservant le ravancement d'onglet. Ce ravancement est le même que celui que nous

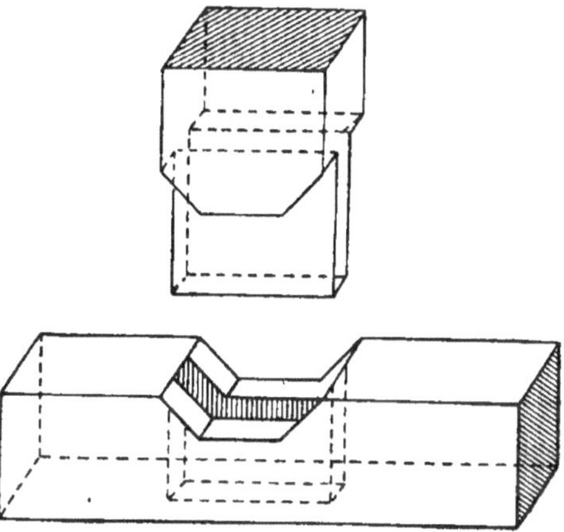

Fig. 40. — Assemblage à double ravancement d'onglet.

allons voir sur la figure suivante, sauf que le derrière n'est pas ravancé ; son arasement vient buter au carrément le champ du battant.

Quand nous aurons des moulures sur les deux faces du châssis, l'entaille traversera le battant et sera d'onglet des deux côtés, l'arasement du tenon sera lui aussi ravancé sur les deux faces de la profondeur de la moulure et ses angles d'onglet (fig. 40).

Assemblage flotté d'onglet. — Dans certains cas, comme par exemple dans les cadres de portes d'entrée des

devantures, où la moulure tient toute la largeur des montants et dans des travaux soignés, dans les portes d'armoires, etc., on emploie un assemblage flotté d'onglet en
parement et arasé d'équerre sur le derrière. On le dit flotté
sous le rapport que la partie de la traverse qui avance d'onglet se prolonge sur le montant séparément de l'assemblage
proprement dit (fig. 41). La partie flottée forme enfourchement avec le tenon ainsi qu'on peut s'en rendre compte dans

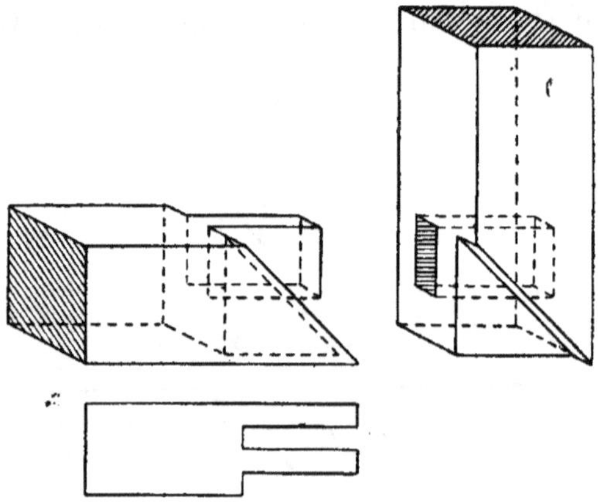

Fig. 41. — Assemblage flotté d'onglet.

la vue de dehors de la traverse ; le bout du montant est
élégi d'onglet pour recevoir le flottage ; cet assemblage
est solide ; dans le travail soigné il est généralement collé.

Assemblage d'onglet à clef ou faux tenon (fig. 42).
— Cet assemblage s'emploie principalement pour encadrement dans les dessus de meubles et comptoirs, dans tous les
cas où il n'y a pas de fatigue à supporter, il est très propre
pour le raccordement des moulures. Les parties à assembler
sont recalées d'onglet à la boîte à recaler ; au milieu de l'onglet, on fait une mortaise à laquelle on laisse un épaulement assez large, pour qu'en poussant une moulure sur

le champ du bois, cette dernière ne découvre pas l'assemblage ; dans les mortaises vient se loger à plein une clef ou faux tenon ; on colle cet assemblage. Comme assemblage en bois de travers, il en est un qui diffère des autres, c'est l'assemblage à queue d'aronde. Il se compose d'entailles faites en pente alternant avec des parties pleines. Les entailles d'un côté de l'assemblage correspondent aux parties pleines ou queues d'arondes, de l'autre côté, ces queues ont la même forme que le vide des entailles et assemblées elles les garnis-

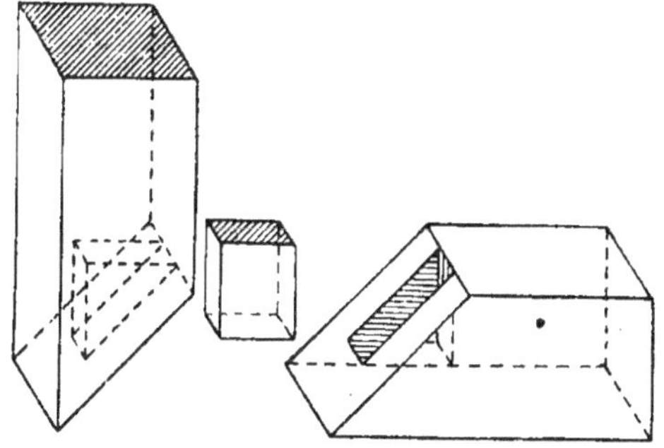

Fig. 42. — Assemblage à clef ou faux tenon.

sent exactement. Cet assemblage ne s'emploie pas dans les mêmes cas que les précédents ; il s'utilise dans les caisses, les tiroirs, etc., où il sert à réunir les côtés entre-eux ; c'est dans les tiroirs de meubles qu'il est le plus employé. Nous allons donc donner les détails de la confection d'un tiroir, ce qui sera un exemple pour ce genre d'assemblage. Dans le tiroir on met le devant en bois plus épais que les côtés, le derrière plus mince que ces derniers. Il faut au devant assez de bois pour s'assembler avec les côtés et une certaine épaisseur pour recouvrir l'assemblage de ces derniers. Si les queues traversaient le devant, elles feraient vilain effet ; le derrière n'ayant ni rainure ni rien à supporter, on le met le plus mince possible. On mettra donc, par exemple, 22 millimètres d'épais au devant, 15 millimètres aux côtés et 10 millimètres au derrière.

En menuiserie, on fait les queues les premières pour n'avoir qu'un tracé à faire ; on cloue tous les côtés de tiroirs ensemble, on trace leur longueur et leur arasement, on les coupe et recale en longueur comme s'il n'y en avait qu'un seul. On trace les queues sur le côté qui se trouve dessus, on les relève à l'équerre sur les bouts et on les scie et arase toutes à la fois, ce qui fait une avance et une grande régularité de travail ; on finit en faisant sauter les intervalles des queues. On trace ces dernières sur les bouts des devants et

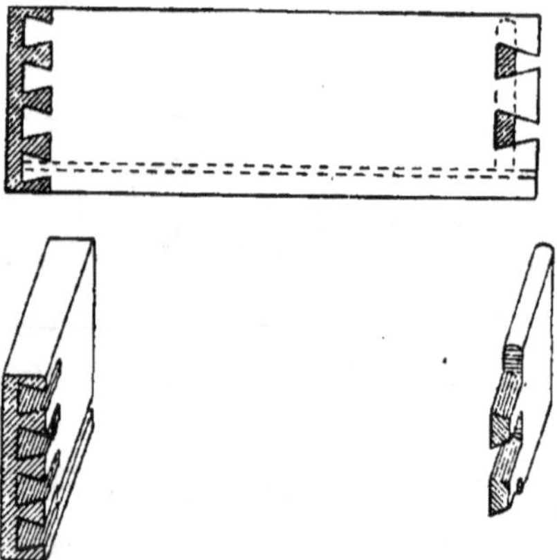

Fig. 43. — Assemblages d'un côté de tiroir à queues d'aronde.

des derrières. Ce tracé et la façon des entailles demandent à être faits avec beaucoup de précision ou l'assemblage ne pourrait s'ajuster convenablement. La (figure 43) nous représente la disposition des queues dans un côté de tiroir. Il est à remarquer que les queues de devant ne sont pas disposées comme celles de derrière ; pour celles de derrière, on laisse continuer le côté sur les deux champs, ce qui est nécessaire pour le coulissage du tiroir, on les laisse aussi plus longues d'environ 15 millimètres, ce qui permet de retoucher facilement à la longueur si cela est utile. Quand on trace les queues, il y a une chose à observer, c'est de placer la rainure destinée à recevoir le fond du tiroir dans une queue, afin de ne pas l'apercevoir, une fois le tiroir fini, sauf sur la face de derrière, par où on coulisse le fond.

Il y a beaucoup d'autres assemblages dérivant de ceux déjà cités, ou des assemblages physiqués qui ne sont jamais employés dans les ateliers et que nous n'aborderons pas, pour nous tenir dans les limites que nous avons fixées.

Moulures. — Les moulures servent à décorer les châssis, les lambris, les plinthes, etc. Nous les diviserons en deux catégories : 1° les moulures simples ou celles qui sont poussées en une fois à l'outil à moulure, tel que congé, quart-de-rond, doucine ; 2° les moulures composées de profils divers et dont la dimension ne permet pas de les faire avec un seul

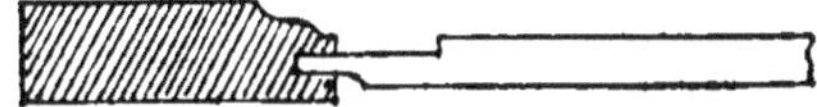

Fig. 44. — Lambris à petit cadre.

outil. Les moulures à grand cadre et les corniches entrent dans cette catégorie.

Il est à remarquer qu'on appelle en menuiserie châssis ou lambris à petit cadre, les lambris dont la moulure ne dépasse pas le champ du bâti (fig. 44).

Lambris à grand cadre. — Les lambris dont la moulure fait saillie sur le champ du bâti (fig. 45).

Fig. 45. — Lambris à grand cadre.

Lambris à glace. — Les lambris (fig. 46) qui ne sont décorés d'aucune moulure, c'est-à-dire tout uni.

Des moulures simples nous dirons peu de chose.

En les poussant pour avoir une moulure régulière, il faut qu'on tienne l'outil d'aplomb et convenablement contre le bois où l'on fait la moulure. Quand on veut moulurer un

Fig. 46. — Lambris à glace.

châssis, on ajuste au préalable une règle à plein dans la rainure qui doit recevoir les panneaux, cette règle forme arrêt de profondeur à l'outil.

Pour les moulures composées, on est obligé de se servir d'outils détachés, tels que bouvet en deux pièces, guillaumes et rabots ronds. Pour les façonner, on relève d'abord les profils de moulure sur les bouts du bois, ensuite sur les champs. avec le trusquin, les lignes saillantes du profil. Nous allons prendre la moulure (fig. 47) comme exemple; on a relevé

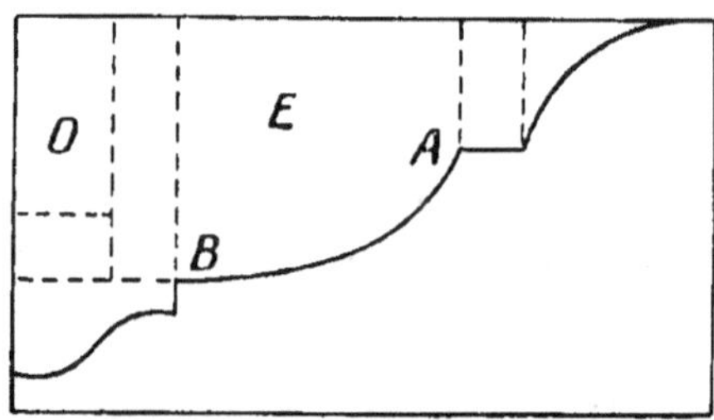

Fig. 47. — Première partie pour la façon d'une moulure.

sur les bouts du bois le profil et les lignes saillantes. Pour pousser cette moulure, on fait une rainure de la largeur du carré A et de profondeur à le toucher, on pousse toujours au bouvet en deux pièces, deux autres rainures allant à l'arête inférieure du congé A, et qui, en se rejoignant, enlèvent la

partie O ; la figure 48 nous montre notre bois après ces trois
bouvetages. On fait sauter au ciseau la partie E, suivant le
pointillé, en veillant à ne pas faire d'éclats entrant dans le
profil ; puis au rabot rond on fait le congé avec régularité en
se guidant aux angles des rainures A B. On fait le quart de
rond au guillaume. La doucine peut se pousser avec un outil

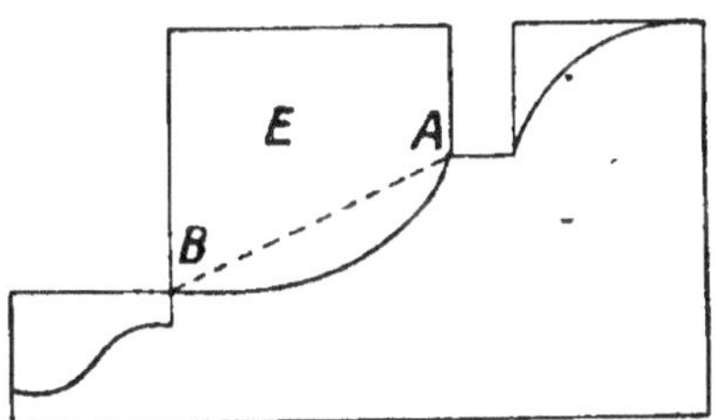

Fig. 48. — Deuxième partie pour la façon d'une moulure.

à doucine, on rattrape aux racloirs les côtes et éclats, on
ponce convenablement le tout et la moulure est achevée.
Pour toutes les moulures faites à l'outil détaché, on commence à débillarder, c'est-à-dire enlever le bois inutile, on se
guide pour ceci principalement sur les carrés et arêtes vives.

La manière de s'y prendre peut varier suivant le profil de
la moulure, l'initiative de l'ouvrier y contribue beaucoup.

Fig. 49. — Types de corniches.

En combinant les profils de moulures portés en tête du livre,
on arrive à avoir toutes les moulures composées, la corniche
en est le type, on est presque toujours obligé de la façonner
à l'outil détaché. La corniche se divise en trois catégories
(fig. 49), la massive A, qui est prise dans la masse du bois,

la corniche volante B, prise dans une planche qu'on incline suivant le besoin du profil, la corniche d'assemblage C, faite de parties assemblées entre elles avec embrèvements qu'on rend invisibles en plaçant le joint de l'embrèvement en dessous et limitant des carrés.

Manière de prendre les mesures de différentes menuiseries. — Pour les croisées et portes extérieures, on

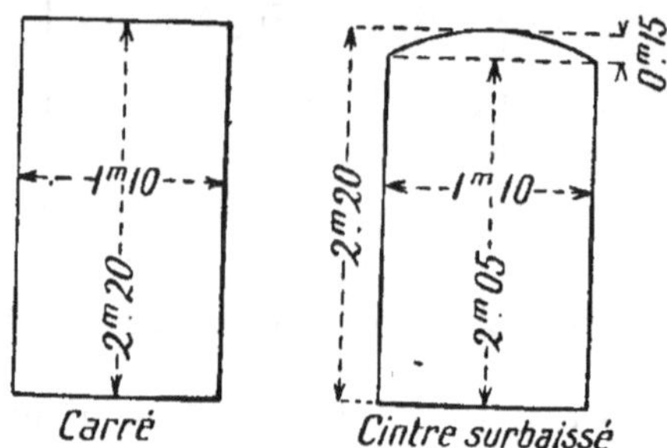

Fig. 50. — Mesures d'ouvertures.

s'assure avant tout si les ouvertures à garnir sont régulières, c'est-à-dire si les jambages sont d'aplomb et les appuis et

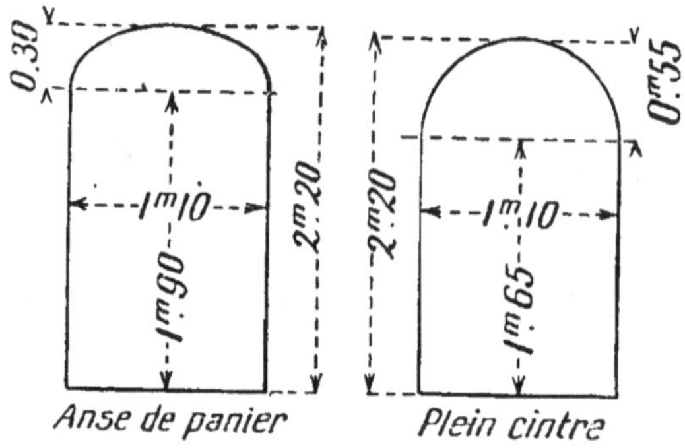

Fig. 51. — Mesures d'ouvertures.

couvertes horizontaux, puis l'on prend les mesures ainsi qu'on le mentionne (fig. 50 et fig. 51). Les mesures se prennent en tableau ou clair de l'ouverture. A ces mesures on ajoute ordinairement 4 centimètres de chaque côté en surplus pour la largeur et 4 centimètres pour la hauteur, ces mesures de surplus représentent le bois des cadres dormants venant se loger dans les feuillures pratiquées aux tableaux et servant à fixer les boiseries, si l'on n'ajoute que 4 centimètres en hauteur c'est que les ouvertures n'ont une feuillure que dans le haut, les appuis et les seuils n'en ont pas. On définira ainsi les mesures pour les croisées et portes carrées.

Croisée, mesures en tableau ou de clair. { hauteur 2 m. 20, / largeur 1 m. 10,

Croisées, mesures totales . . . . { hauteur 2 m. 24. / largeur 1 m. 18.

Croisée { à cintre surbaissé . . / mesures en tableaux. { hauteur jambage 2 m. 05, hauteur flèche 0 m. 15, largeur 1 m. 10.

Croisée { à cintre surbaissé. . . . . . / mesures en tableaux. . . . . { hauteur 2 m. 24, / largeur 1 m. 18.

Dans les ouvertures cintrées, la hauteur de flèche nous permet de tracer le cintre ; voici de quelle manière on opère généralement dans les ateliers, surtout s'il s'agit de cintres à anse de panier ou en ogive : on fait un gabari grandeur naturelle ajusté à même le cintre de l'ouverture ; ce gabari, qui permet d'éviter des erreurs, sert à faire le plan de la croisée. Le tassement de la maçonnerie déforme parfois les cintres ; comme le bois des cadres dormants dépasse d'environ un centimètre le clair de l'ouverture ainsi que le montre la figure 50, si on traçait le cintre géométriquement, il se pourrait qu'il ne soit pas exact avec celui du tableau de l'ouverture, il s'ensuivrait que le centimètre de bois ou cochonnet de la traverse dormant ne serait pas égale sur tout le pourtour du cintre, ce qui ferait mauvais effet. Il est donc préférable de faire le plan en se servant de gabari ajusté à même le cintre du tableau.

En surplus des mesures de croisée, si celle-ci doit supporter un encadrement servant à ferrer des volets ou persiennes brisées se repliant en tableau, on est obligé de prendre des mesures pour cet encadrement appelé tapée.

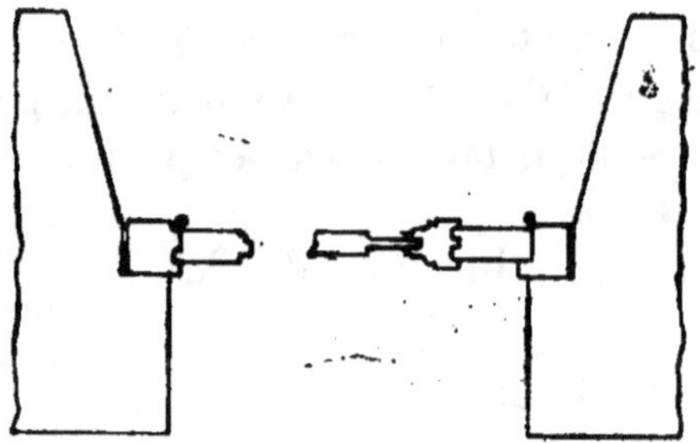

Fig. 52. — Détails de dormants de porte et de croisée.

Ces mesures feront suite à la croisée qui doit la supporter, Cette tapée est un champ de bois de 22 millimètres d'épais qu'on cloue en applique contre les montants et la traverse dormant, sa saillie sur le clair de la croisée dépend de

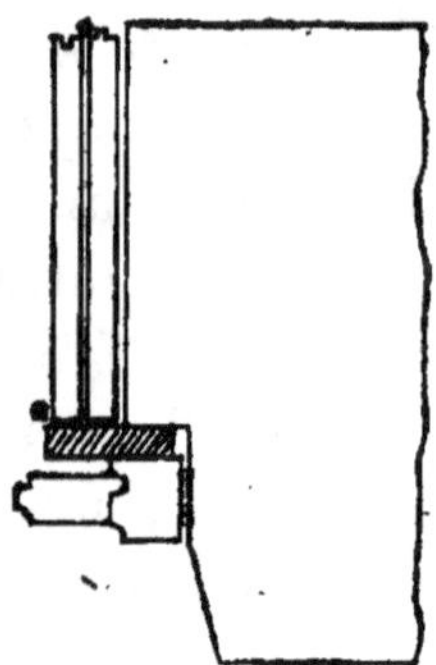

Fig. 53. — Détail de croisée à tapée.

l'épaisseur du volet replié sur lui-même, cette épaisseur ne doit dans aucun cas dépasser le battant à fiche de la croisée.

Nous allons prendre celle représentée (fig. 53), comme exemple; cette tapée est destinée à supporter deux brisures de volet. chaque brisure a 2 centimètres d'épaisseur, ce qui fait 4 centimètres, on met 5 millimètres de plus pour les jeux entre le tableau et entre les brisures, soit un total de 45 millimètres nécessaires de saillie sur le clair de la croisée.

Dans la feuillure elle n'a pas besoin d'aller affleurer le montant, on ne lui donnera que 35 millimètres qui, avec les 45 de saillie, fixeront à 8 centimètres la largeur des montants de tapée. On laisse 2 centimètres de saillie à la traverse qui, avec les 35 millimètres logés dans la feuillure, lui donneront 55 millimètres de large. Dans le bas, c'est la pièce d'appui qui sert de battue aux volets, on la fait avancer en tableau de la même épaisseur que la tapée, soit 22 milli-

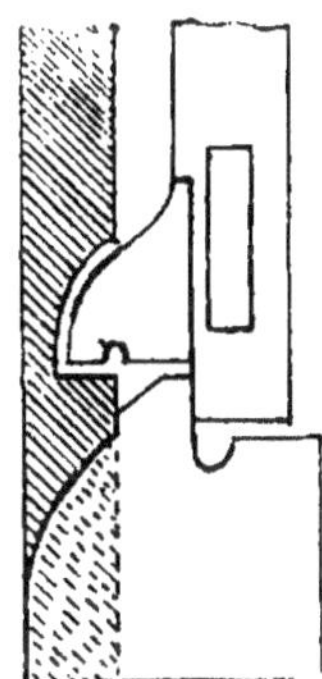

Fig. 54. — Disposition dans le bas d'un montant de tapée.

mètres, et on la dispose à laisser un carré dans le bas (voir fig. 54). Dans la croisée à tapée, le jet d'eau ne doit dépasser que de 15 millimètres le montant dormant, afin de permettre de le loger dans le montant de la tapée sans traverser le bois. Le bas de la tapée flotte sur la pièce d'appui, cette dernière est élégie jusqu'au niveau du cadre dormant. Dans le haut de la croisée on élargit parfois la traverse dormant d'un centimètre, ce qui porte son champ au même niveau que celui de la traverse de tapée, ceci présente mieux que s'il existait un ressaut.

Pour les mesures d'une croisée avec tapée on marquera :

Croisée, mesures en tableau. . . . . . (hauteur 2 m. 20,
(largeur 1 m. 10.

Croisée, mesures totales . . . . (hauteur 2 m. 24,
(largeur 1 m. 18.

Montants de tapée . . . . (hauteur 2 m. 24,
(largeur 0 m. 08.

Traverse de tapée. . . . (arasement de longueur 1 m. 01,
(largeur 0 m. 055.

Huisserie. — Pour les mesures d'huisserie ordinaire, il est nécessaire d'ajouter aux mesures de la hauteur d'appartement environ 14 centimètres. Cette longueur supplémentaire est destinée à servir de scellement aux poteaux d'huisserie. On laisse 8 centimètres pour le scellement du bas, le restant est réservé pour le scellement du haut. Pour les mesures d'un cadre d'huisserie ordinaire on portera :

cadre d'huisserie. . . . | hauteur d'appartement 3 m. 50 ;

mesures de porte en feuillure. (hauteur totale 3 m. 61 ;
(hauteur porte 2 m. 30 ;
(largeur 0 m. 90.

Pour les portes, les feuillures ont ordinairement 0 m. 013 ; si on prenait les mesures en tableau on déduirait 0 m. 026 en largeur et 0 m. 013 en hauteur.

Quand on perce une ouverture dans un mur, un briquetage ou une cloison quelconque, on ne peut pas mettre un cadre d'huisserie ordinaire avec des poteaux allant se sceller dans le plafond ; il faudrait démolir la maçonnerie de toute la hauteur d'appartement, le maçon ne démolit d'habitude que la grandeur de l'ouverture, plus l'épaisseur de l'huisserie.

Pour cette dernière, elle se fait de la grandeur de l'ouverture ; pour la sceller dans le haut, on prolonge la traverse d'environ 10 centimètres en dehors des montants de l'huisserie. Ces 10 centimètres se logeront dans la cloison, ils serviront de scellements ; l'huisserie dans ce cas portera le nom d'huisserie à chapeau ; pour les mesures on mentionnera :

cadre d'huisserie à chapeau en bois de 7 centimètres :

mesures extérieures. . . . . $\begin{cases} \text{hauteur 2 m. 30 ;} \\ \text{largeur 0 m. 90 ;} \end{cases}$

longueurs nécessaires au bois. $\begin{cases} \text{hauteur montants 2 m. 35 ;} \\ \text{largeur traverse 1 m. 10.} \end{cases}$

Dans les murs épais on ne met pas de cadre d'huisserie aux ouvertures ; on fait un cadre pour chaque côté (fig. 55),

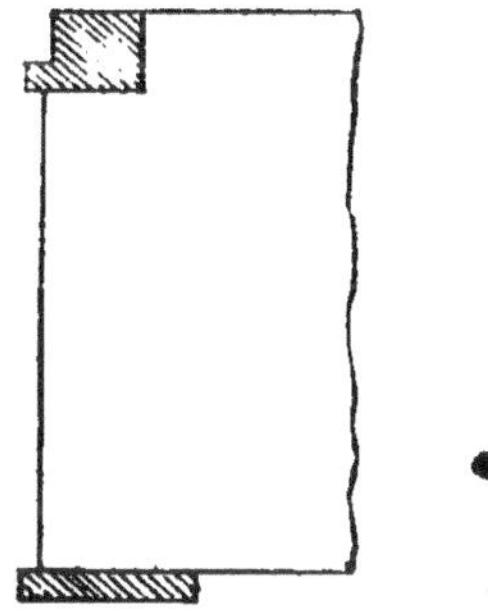

Fig. 55. — Disposition d'un bâti et contre bâti.

l'un avec feuillure pour recevoir la porte se nomme bâti, le deuxième contre-bâti.

Ces cadres saillissent dans l'ouverture, laissant un centimètre de cochonnet ; ils sont fixés avec des pattes à scellement.

CHAPITRE IV

CROISÉES — PERSIENNES — PORTES

MENUISERIE PLANE

Après avoir passé en revue les différentes manières de prendre les mesures, nous allons expliquer le tracé et la façon des ouvrages de menuiserie contenus dans ce livre. L'explication d'un travail servira d'exemple pour toute une même catégorie d'ouvrages ; il suffira de mentionner pour le reste de la série certains changements qui peuvent se produire. Les détails ne manquent pas : ils nous paraissent indispensables. Si parfois la lecture demande un peu de réflexion, le travail expliqué sera rendu facile pour l'apprenti qui, au moment de l'exécuter, n'aura qu'à consulter ce manuel qui est fait pour lui. Avec la façon nous expliquons la manière de réparer les défauts. Des remarques suivront

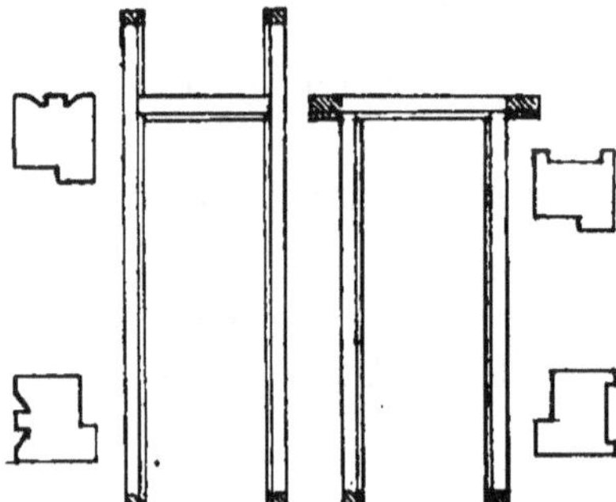

Fig. 56. — Huisserie ordinaire et huisserie à chapeau.

qui paraissent peu de chose, mais qui sont très utiles pour le travail. Nous ferons suivre les menuiseries à peu près dans l'ordre des besoins du bâtiment.

On appelle huisseries les poteaux et cadres préparés à recevoir des briques, des carreaux, etc. Le tout forme des cloisons pour diviser par pièce les étages d'une maison. On les fait suivant les besoins de différentes manières. Les deux modèles (fig. 56) pourront servir d'exemple pour les cadres d'huisseries destinés à recevoir des portes. Les détails qui sont sur les côtés représentent pour l'huisserie ordinaire des

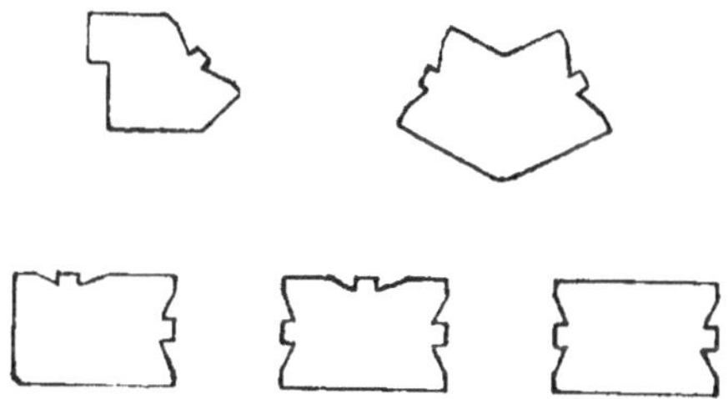

Fig. 57. — Profils de poteaux d'huisserie.

nervures appelées à recevoir des carreaux de plâtre. L'huisserie à chapeau des élégis pour recevoir des briques. Pour les poteaux la figure 57 nous donne différents profils nécessités par les dispositions des cloisons.

La façon du cadre d'huisserie ordinaire est très simple : on ne corroie le bois que sur trois faces. La face côté brique

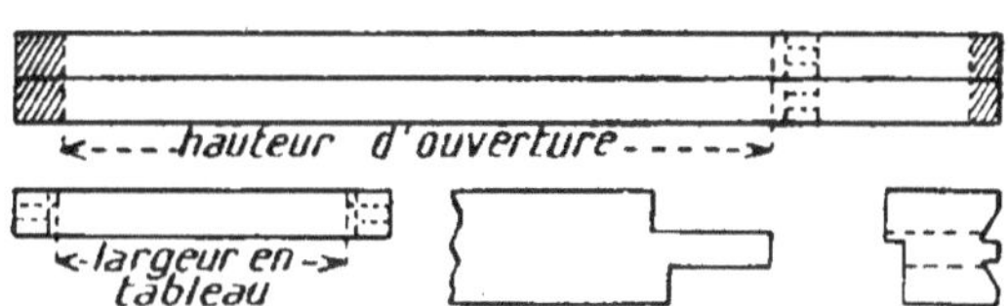

Fig. 58. — Tracé d'un cadre d'huisserie ordinaire.

restant à l'état brut, on établit le bois du côté de la feuillure, on trace sur les champs intérieurs la hauteur d'appartement en laissant un scellement à chaque bout et représenté (fig. 58) par les rayures, puis on trace la hauteur d'ouverture puis de la traverse, en tenant compte pour la largeur de mortaise de la profondeur de feuillure que l'on veut pousser à l'huisserie.

Pour le tracé de la traverse, on trace sur le champ corroyé la largeur de tableau et les ravancements de feuillure (fig. 58) ; ces traits sont retournés d'équerre sur les parements de la traverse suivant le profil d'arasements de traverse ; on fait traverser les assemblages ; la feuillure se fait de l'épaisseur de la porte plus 1 millimètre, ce millimètre est pour empêcher qu'une fois la porte en place elle affleure le cadre, ce qui ferait mauvais effet ; on donne d'habitude 13 millimètres de profondeur à la feuillure ; pour faire cette dernière, on pousse une rainure qui trace la largeur et on finit de la faire sauter au bouvet à couper. Les nervures se font avec un outil spécial. Dans le bas des montants au trait de niveau du plancher, on donne un trait de scie de 2 millimètres de profondeur, ceci est pour le reconnaître au moment de poser l'huisserie ; si on ne laissait qu'un trait ordinaire, les frottements ou le plâtre l'auraient effacé ; on replanit le tout. Au moment de monter, et pour cette dernière opération, la tringle d'écartement se fixe à 10 centimètres du trait de niveau de plancher, pas plus haut, en voici la raison : l'huisserie étant en place n'est pas scellée immédiatement. La tringle est nécessaire jusqu'à ce que le cadre soit définitivement fixé ; si les ouvriers qui passent dans l'ouverture du cadre étaient gênés par une tringle placée trop haut, ils la feraient sauter, le menuisier serait alors dans l'obligation de revérifier son travail ; on ne met qu'une cheville à chaque assemblage et il serait inutile de vérifier exactement le carrement de l'huisserie, on la met d'équerre à vue d'œil ; après les diverses manipulations que le cadre subira il ne serait plus d'équerre au moment de le mettre en place.

Lorsque les cadres d'huisserie sont trop larges pour être transportés facilement ou ne passeraient pas dans les ouvertures, on les prépare pour être montés sur place au moyen de chevilles à tire. On perce les montants vis-à-vis du milieu de la mortaise, puis on présente l'assemblage, la traverse à venir joindre l'arasement ; par le trou du montant on ne fait que tracer à la mèche l'emplacement de la cheville sur le tenon, on désassemble la traverse, on perce alors le tenon où il a été tracé. mais au lieu de percer d'aplomb, on penche la mèche à se diriger vers l'arasement de dessous (fig. 59).

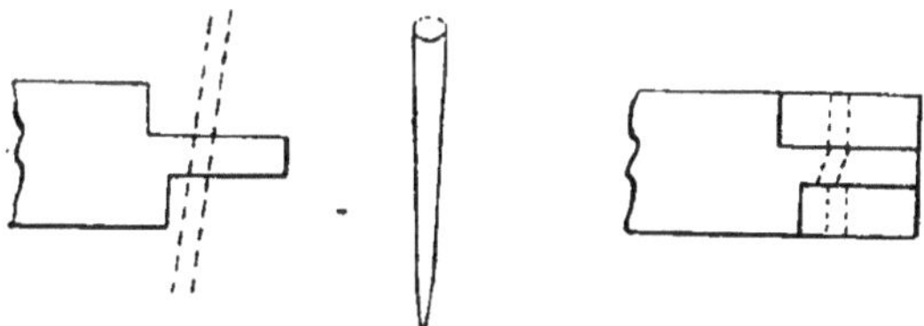

Fig. 59. — Disposition d'une cheville à tire.

Ce perçage en rentrant sur le tenon sert à faire tirage lorsqu'on cheville ainsi qu'on peut s'en rendre compte sur la disposition des trous de l'assemblage ; on doit arrondir la cheville tirante et la faire bien effilée du bout, pour qu'elle puisse bien rejoindre le trou de dessous du montant. Sans cette précaution, elle ferait éclater la joue inférieure de la mortaise.

Pour dresser les poteaux courbes. — Quand il

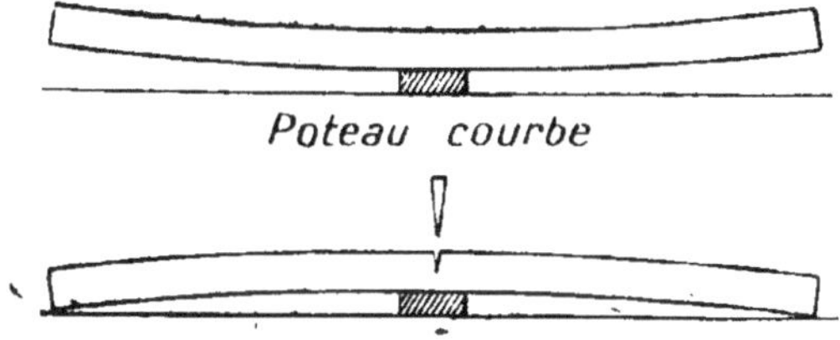

Fig. 60. — Disposition pour le redressage d'un poteau courbe.

faut utiliser des poteaux très cintrés en longueur, que l'on ne peut dresser convenablement faute de bois, voici la manière de les dresser. On met le poteau cintré (fig 60), à plat sur l'établi, la bosse ou rond en-dessous et reposant sur une cale, on fait alors pression aux deux extrémités du poteau soit avec des valets d'établi soit avec des presses, de manière à redresser le poteau, même à le courber d'autant en sens inverse ; dans cette position on lui donne un trait de scie en travers et jusqu'à milieu bois, dans la partie qu'on croit la plus convenable à le redresser ; dans ce trait de scie on y enfonce à plein un coin en bois dur préalablement enduit de colle ; on desserre le poteau, on regarde s'il est droit, s'il était encore courbe, on ferait un autre coinçage à la partie qui le demanderait. Ces coinçages se mettent autant que possible dans les endroits qui ne sont pas à la vue ; dans les cadres d'huisserie par exemple, on met le coin au-dessus de la traverse de manière à être caché plus tard par le chambranle.

Tracé et façon d'un cadre d'huisserie à chapeau. — Dans cette huisserie (fig. 61), les assemblages ne sont pas disposés comme dans l'huisserie ordinaire. Ici ce sont les mon-

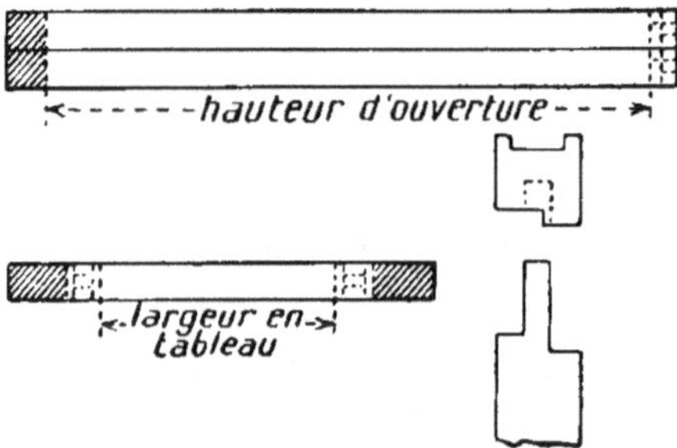

Fig. 61. — Tracé d'un cadre d'huisserie à chapeau.

tants qui ont les tenons, la traverse les mortaises. On commence à tracer les montants par le haut, on met d'abord 3 centimètres pour le tenon, puis de ce trait on porte la hauteur du niveau de plancher au tableau de la traverse, ce qui restera du montant servira de scellement ; en haut à 13 millimè-

tres du premier arasement du montant, on trace le ravancement de la feuillure ; au milieu de la traverse on portera la
largeur de tableau, en dehors de cette mesure la largeur de
chaque montant, des traits de l'ouverture on portera les
ravancements de feuillure et du dehors des montants un
ravancement de 8 millimètres, nécessaire à cause de l'élégi
pour les briques qui ôte cette largeur au tenon ; on mortai-
sera à 35 millimètres de profondeur pour que le tenon ne gêne
pas en venant toucher à fond de mortaise. La façon est la
même que pour l'autre huisserie ; il n'y a que l'élégi pour la
brique qui diffère ; pour le faire, on pousse la rainure du
bouvet à jointer de 25 millimètres des deux parements et on
fait sauter au ciseau le bois restant entre les deux rainures ;
pour le montage on met aussi une tringle dans le bas, pour
le haut on cloue simplement la traverse sur les montants
avec des broches de charpente.

Dans les huisseries propres on ne laisse apparent sur l'en-

Fig. 62. — Montant d'huisserie dérasé afin d'être enduit.

duit de plâtre que l'encadrement de la porte, le surplus de
la traverse au plafond dans l'huisserie ordinaire, et le reste
de la traverse en dehors des montants dans l'huisserie à
chapeau est élégi ou dérasé des deux parements de 8 millimètres de profondeur (fig. 62), cet élégi ou dérasement, le
maçon le recouvre de plâtre ce qui rend invisible la partie
recouverte.

Dans les huisseries, il se trouve parfois des défauts sur les
parties replanies du travail ; ces défauts soit nœud vicieux
soit gros éclat, il faut les cacher, les arranger pour qu'ils ne
paraissent point ou peu à la vue et comme cette réparation
est parfois nécessaire malgré le soin qu'on apporte au choix

du bois, au plus beau travail comme au plus simple, nous allons parler une fois pour toutes des différentes manières employées; mais avant nous allons parler de la préparation de la colle forte dont on aura besoin à tout instant soit pour réparer les défauts, soit pour fixer et maintenir l'ouvrage.

Préparation de la colle forte. — La colle que l'on achète dans le commerce est en plaque d'environ 8 millimètres d'épaisseur sur 15 centimètres au carré. Pour pouvoir l'employer, il faut qu'elle soit dissoute à chaud dans de l'eau. Voici comment on procède : on commence par casser les plaques de colle en petits morceaux et pour éviter de perdre les morceaux on met les plaques dans un vieux linge. Puis on les écrase avec un maillet, les morceaux obtenus sont baignés dans l'eau, dans une sorte de casserole à bain-marie où on les fait dissoudre à un feu doux et régulier. On remue la colle de temps en temps avec une spatule en bois blanc. La colle est bonne à employer lorsqu'elle est bien liquide et de couleur rousse, pour que la colle soit bonne il faut qu'en la prenant entre deux doigts elle résiste à l'écartement des doigts; on emploie la colle plus ou moins forte suivant le bois à coller. Pour le bois tendre il la faut bien plus claire c'est-à-dire plus étendue d'eau que pour le bois dur. Pour réparer les défauts dans le bois qui doit être peint, les pièces qu'on rapporte se mettent en cherchant le moins de travail possible, on les ajuste au carrément (A, fig. 63) ; si c'est un nœud qui a sauté et qui traverse le bois, on y colle une cheville de la forme du pourtour du nœud, qu'on enfonce à force B, si c'est un nœud qui n'est sauté que superficiellement, on perce avec une mèche de grosseur et sans traverser le bois, dans l'emplacement du nœud ; quand le nœud est étendu et d'une forme irrégulière on ne cherche pas à le boucher avec une cheville, on prend une mèche proportionnée au défaut partiel à boucher, on commence à percer un trou d'un côté du nœud, dans ce trou on y colle une cheville, puis on perce à joindre cette cheville un autre trou pour une autre cheville et ainsi de suite sur l'emplacement du nœud (fig. 63).

Si l'on veut réparer un défaut superficiel, mais étendu ne valant pas toutefois la peine d'y ajouter une pièce et ne pouvant disparaître au replanissage, voici, pour réparer ce défaut, une recette :

En ajoutant un peu de colle à de la poudre de même couleur que le bois qui a le défaut, on fait un mastic en pétris-

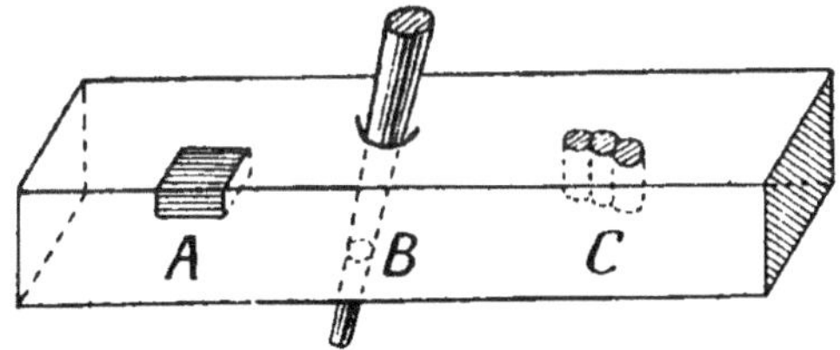

Fig. 63. — Réparations de défauts du bois.

sant le tout. Ce mastic s'applique tout chaud sur le défaut, une fois sec, on enlève l'excédent avec un ciseau et on ponce. Ce mastic n'empêche pas la peinture ni le vernis d'adhérer et comme il est très fin il convient de boucher les joints de coupes qui ne joignent pas. Pour les petits défauts de bois du travail qui doit être peint, on les bouche au mastic à l'huile. Voici la recette pour le faire : on broie du blanc d'Espagne qu'on mélange en pétrissant avec de l'huile de lin jusqu'à ce que le mastic soit d'une consistance à être employé avantageusement. Pour les bois tendres ou bois blancs, le mastic s'emploie au naturel. Pour le chêne on le mélange avec un peu de jaune afin d'approcher de la couleur de ce bois. Pour les défauts un peu gros qui toutefois ne nécessitent pas une pièce, on les bouche au mastic dur. En voici la recette : cire 1/4, résine et blanc d'Espagne, 3/4 et en partie égale, on coupe la cire en petits copeaux, on écrase finement la résine et le blanc d'Espagne. on fait fondre le tout dans une casserole, à petit feu, en ayant soin de remuer avec une spatule de bois pour bien mélanger ; ce mastic s'emploie à chaud, il devient très dur. Deuxième recette de mastic dur : cire une partie, suif une partie, blanc d'Espagne et résine par moitié une troisième partie ; se prépare comme le précédent, il reste essez maléable pour s'employer à froid, on l'applique avec un couteau à mastiquer.

Défaut du bois dans le travail, poli, ciré ou verni. — Bien que l'on ait débité du bois en apparence de très bonne qualité, il arrive qu'en profilant les moulures, en poussant les plates-bandes et autres élégis, on découvre un défaut intérieur. Ce défaut, il est nécessaire de le cacher

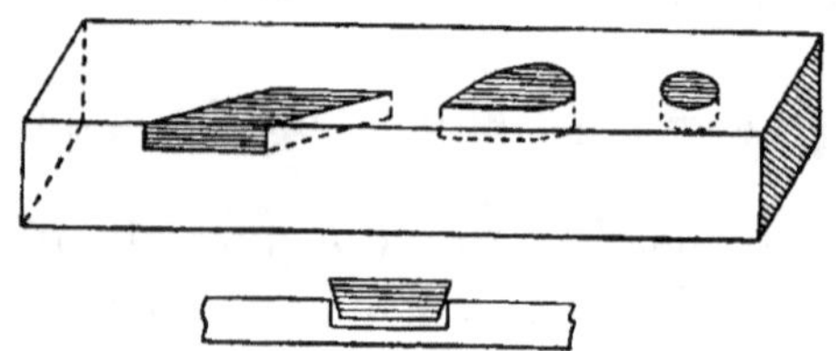

Fig. 64. — Réparations de défauts du bois.

pour éviter une perte trop grande en bois et en travail. On y met une pièce que l'on s'efforce de rendre le plus invisible possible pour ne pas nuire à l'ensemble de l'ouvrage ; pour ceci, on cherche un bout de bois de même nuance et même veinage que le bois où on veut mettre la pièce, on le prend autant que possible dans le même morceau de bois. On ne met pas la pièce avec les angles coupés à l'équerre qui tranchent trop le fil du bois, on les mettra suivant les formes représentées (fig. 64), qui ne découpent pas tant et épousent mieux le veinage, on ajuste des pièces avec angles aigus ou de forme ovale, ronde ou de n'importe quelle courbe nécessitée par le contour des défauts. Ces pièces se mettent légèrement évasées de l'extérieur pour qu'elles viennent joindre à forcer les lignes des entailles préparées pour les recevoir ; ces pièces ajustées avec soin sont très peu visibles.

Dans le travail imprimé ou teint en couleurs, vieux chêne, noyer, acajou, ébène, etc., les trous laissés par les clous qui fixent les moulures et qu'on a repoussés et les tout petits défauts se bouchent au mastic une fois l'ouvrage ciré ou verni ; on prépare le mastic suivant : cire 2/5, suif 2/5, résine 1/5 ; on ajoute à ce mélange la couleur désirée, on fait fondre à feu doux ; si après refroidissement le mastic n'est pas assez teinté on y ajoute de la couleur en malaxant bien le tout. Comme ce mastic s'emploie sur le travail ciré ou verni, on l'applique avec une spatule en bois tendre, de peuplier de préférence ou avec un linge pour ne pas rayer le vernis ; on enlève l'excédent en frottant avec un chiffon de coton ou de laine. Pour faire revenir une meurtrissure provenant d'un choc, on mouille la partie meurtrie, puis on la chauffe avec un fer, la chaleur fait pénétrer l'eau dans les pores du bois ce qui ramène la partie meurtrie.

La croisée. — La croisée se compose d'un ou deux châssis mobiles montés sur un cadre dormant, elle garnit les fenêtres et sert à aérer et garantir des intempéries les chambres d'une maison ; il y a trois sortes de croisées : la croisée ordinaire, la croisée à petits bois et la croisée à banquette ; lorsque les fenêtres ou ouvertures sont trop hautes pour faire ouvrir les croisées de toute la hauteur, on coupe le cadre dormant par une traverse qu'on nomme traverse d'imposte qui laisse dans le bas la croisée, dans le haut l'imposte. Nous allons prendre comme exemples des croisées à double châssis, les plus nombreuses. Passons d'abord en revue les noms que l'on donne aux différentes parties d'une croisée ; dans le cadre nous avons les deux montants et la traverse dormants, la pièce d'appui ; dans les

châssis, les deux battants à noix ou à fiches, ceux qui viennent fermer sur les dormants ; le battant milieu de droite
qu'on nomme battant à gueule de loup composé de deux
parties, l'une l'embrevé vient s'embrever dans une partie
plus épaisse qu'on nomme côte ou gueule de loup ; le qua-
trième battant celui du châssis de gauche, nommé battant
mouton et qui vient s'ajuster dans une gorge au battant
à gueule de loup ; les battants des châssis sont reliés dans le
bas par la traverse à jet d'eau qui vient battre contre la
pièce d'appui, une traverse dans le haut et dans le milieu

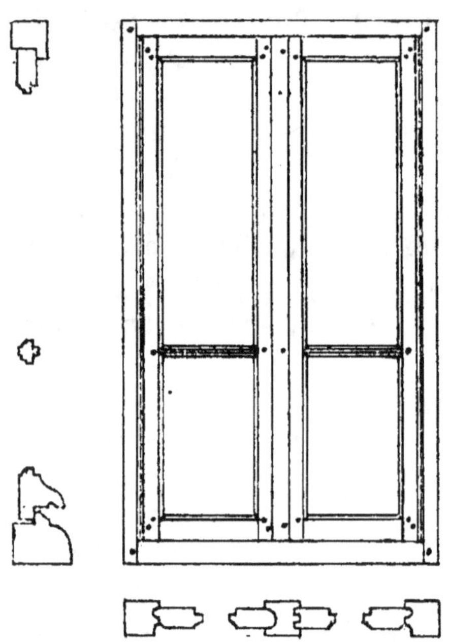

Fig. 65. — Croisée ordinaire.

par plus ou moins de traverses petits bois. Quand la croisée
est à petits bois, entre les traverses et servant à diviser leur
largeur il y a des montants petits bois. Dans le tracé de
croisées il est à remarquer que la hauteur des vitres doit
être toujours plus grande que leur largeur.

Croisée ordinaire. — Nous allons expliquer le traçage et la façon de la croisée ordinaire (fig. 65), qui sera un
exemple pour toutes les croisées, sauf pour quelques modifications que nous expliquerons à fur et mesure. On commence à faire sur des feuillets en bois blanc le plan d'hauteur et le plan de largeur de la croisée grandeur naturelle,
en n'oubliant aucun détail ; ce plan nous donne les dimensions et notre tracé et façon seront de le reproduire en
nature. Nos divers morceaux de bois étant aux dimensions portées sur le plan, on les établit, puis on les trace.

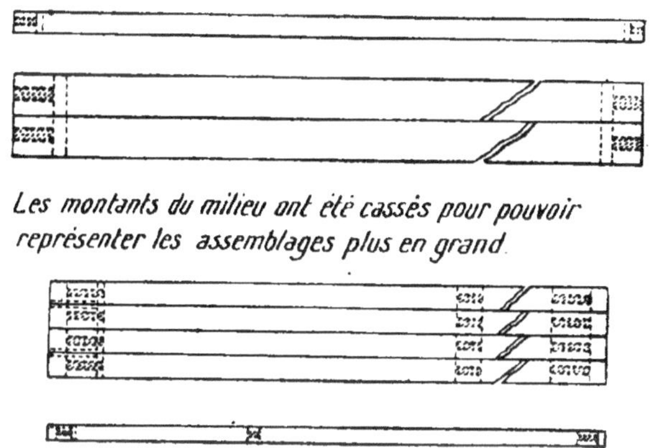

Fig. 66. — Tracé des montants du cadre et des châssis.

Voici comment l'on s'y prend : Pour les montants dormants et les battants de châssis (fig. 66), on relève les hauteurs sur plan de hauteur ; pour les montants dormants,
les assemblages sont à enfourchement ; pour les battants, ils
sont à épaulement dans les bouts, les mortaises n'ont pas de
avancement de feuillure ; dans les croisées la feuillure
emporte très peu de bois au tenon. On profite de cette cir-
constance pour laisser la mortaise de toute la largeur du
bois du côté des feuillures ce qui facilite pour faire les mortaises et donne de la force aux tenons. Dans le bas des bat-

tants du côté du jet d'eau et à partir de la feuillure on fait un élégi d'environ 5 millimètres de profondeur ; la traverse jet d'eau vient s'assembler à enfourchement dans l'élégi (fig. 67), ce qui donne de la force au départ du jet d'eau qui sans cela viendrait à rien sur les battants et se tordrait sous l'influence des intempéries. Pour le tracé des traverses (fig. 67), on se guide sur le plan de largeur ; dans

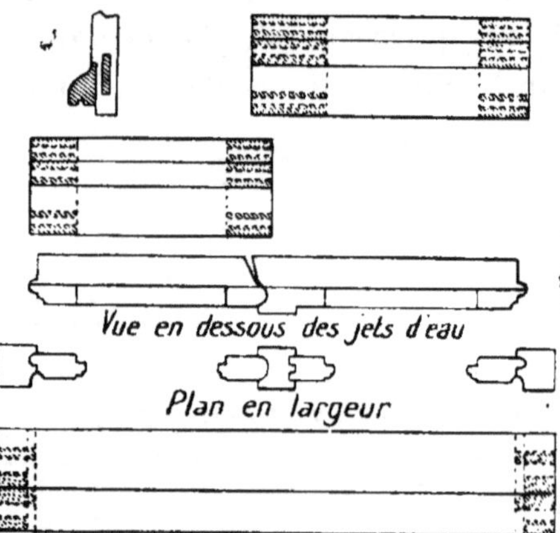

Fig. 67. — Tracé des traverses du cadre et des châssis.

le haut sont les traverses des châssis, il est à remarquer que nous avons mis les traverses de droite au-dessus de celles de gauche, on ne pouvait faire autrement pour pouvoir mettre les arasements sur la même ligne que ceux du plan. En examinant la vue en-dessus des jets d'eau on voit que les traverses avancent l'une dans l'autre dans la fermeture du milieu des châssis, ce qui donne les traverses de droite plus longues que celles de gauche. En-dessous du plan se trouve la pièce d'appui et la traverse du cadre, en regardant attentivement la figure 67, on peut se rendre facilement compte du tracé et de la disposition des assemblages et on ne peut se tromper. On façonne les mortaises et les

tenons, ces deux choses se font avant toutes autres, dans
n'importe quel cadre ou châssis, on n'arase toutefois pas
les tenons, ceci se fait après que les moulures, feuillures
et rainures sont faites ; pour pousser la feuillure à verre et
la moulure des châssis, on se sert de l'outil à cheval, qui
façonne la feuillure et la moulure en même temps. Il y a
des outils spéciaux pour les jets d'eau : la gorge de loup,
le mouton, la noix, etc. Si on manquait d'un de ces outils,
on ferait les profils à l'outil détaché ; il est à remarquer que
le champ A du dessous du jet d'eau n'a d'épaisseur que
jusqu'au flottement (fig. 68), si on lui laissait l'épaisseur de
bois du bâti, ce champ recouvrirait d'une faible épaisseur et
par flottement l'élégi du battant, ce flottement ne serait pas

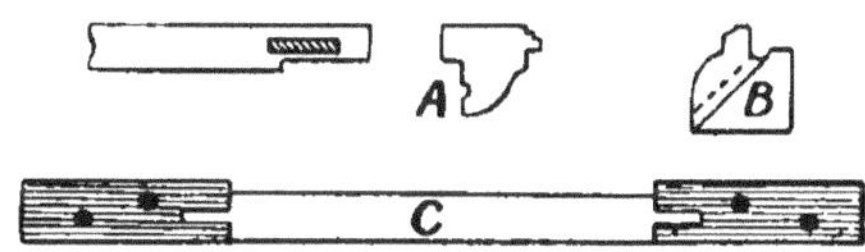

Fig. 68. — Détails pour croisée.

solide et il faudrait s'attendre à le voir sauter ; cette réduc-
tion d'épaisseur permet de donner une épaisseur plus forte
à la battue de la pièce d'appui. Dans la pièce d'appui, au
milieu de sa longueur, avec une mèche d'un centimètre, on
perce un trou d'écoulement d'eau ; ce trou B part de la goutte
d'eau et va sortir au bas de l'arrondi (fig. 67). Cette dernière
représente aussi la manière de fixer un petit bois de croisée
pour permettre de pousser la feuillure et moulure. Ces
deux bouts de bois auxquels on a fait un enfourchement, on
les fixe à longueur d'arasement, les tenons du petit bois C,
viennent s'embrever dans les enfourchements.

On replanit tous les bois de la croisée avant de la monter,
car il est bien plus facile de le faire en ce moment qu'après ;
on monte les deux châssis qu'on ajuste ensemble, il faut que

la coupe entre les deux jets d'eau ait 3 millimètres de jeu à son extrémité et vienne à se joindre en dedans. Ce jeu est nécessaire pour le développement des châssis. Une fois la croisée montée, on vérifie si ce jeu est suffisant. Une fois les châssis ajustés, on met en bois. Ce terme de métier signifie que l'on met les châssis dans leur cadre dormant; ce dernier à qui l'on n'a, ni fait sauter les enfourchements et ravancements aux dormants, ni araser la traverse et pièce d'appui, relativement à la hauteur et à l'arasement ne se trace définitivement et juste que sur les deux châssis mobiles serrés l'un contre l'autre. Pour les montants on laisse entre les ravancements une longueur de 4 millimètres de plus que la hauteur des châssis. A la traverse et pièce d'appui, on arase 3 millimètres de plus large que la largeur totale des deux châssis, ceci pour le jeu nécessaire aux châssis. Pour le chevillage du tout, nous avons marqué l'emplacement des chevilles (fig. 65); il n'y a que les chevilles extérieures des jets d'eau qui ne traversent pas.

Pièce d'appui en fonte. — On cherche à remplacer les appuis en bois par des appuis en fonte. Ces derniers sont moins massifs. Mais par suite du mauvais ajustage qu'ils ont parfois avec les feuillures des jets d'eau, et par la

Fig. 66. — Ajustage d'une pièce d'appui en fonte.

difficulté que l'on éprouve à se les procurer juste à la mesure nécessaire pour certaines croisées et l'encochement inévitable de la maçonnerie pour loger la saillie de la pièce d'appui, il est préférable de recourir aux pièces d'appui en bois qui présentent plus de facilité à l'ajustage. Les pièces d'appui en fonte se vissent à l'extrémité des montants, ces derniers s'ajustent (fig. 69) à épouser exactement la forme de la pièce d'appui.

Croisée à petits bois. — La façon de cette croisée (fig. 70), est la même que la précédente, seul le traçage et

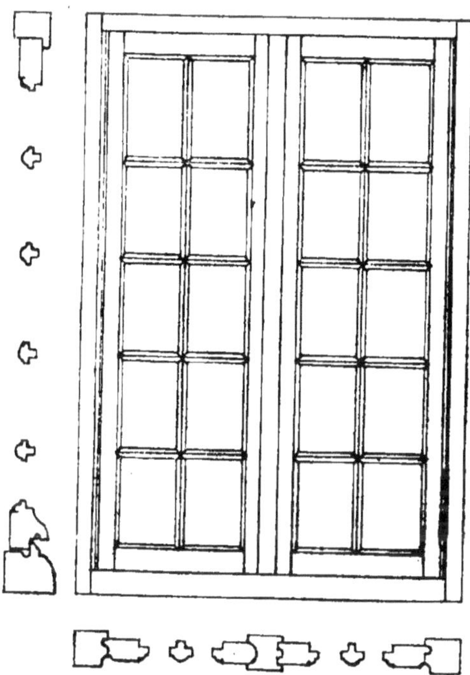

Fig. 70. — Croisée à petits bois.

assemblage des montants petits bois diffère et demande certaines précautions. Par exemple on trace les mortaises des traverses un 1/2 millimètre plus étroites que la largeur des petits bois montants, pour que l'assemblage entre à force de manière à bien se maintenir, si on ne laissait du raide en largeur, vu le peu d'assemblage, le petit bois ballotterait, — ce qu'il faut éviter. Dans le traçage des petits bois montants, il est très important de tracer les arasements des petits bois exactement de la hauteur de vitre portée sur les battants, et pour la division des vitres, il est prudent de la faire au compas sur les battants et traverses. Cette division doit être très juste ; si l'on s'en rapportait au tracé du plan, elle pourrait varier. Il est facile de comprendre que si par exemple on a cinq petits bois montants sur la hauteur de la croisée, et que si à chaque montant on a commis une erreur d'un 1/2 millimètre, sur les cinq montants l'erreur deviendra trop grande pour pouvoir monter la croisée.

Avant de cheviller les châssis de ce genre de croisée on vérifie si les petits bois montants se disent bien entre, c'est-à-dire qu'ils ne fassent en se prolongeant qu'une même ligne droite. On regarde également si les traverses petits bois sont droites sur toute la largeur du châssis ; si elles cintraient par la poussée des petits bois montants ou retoucherait à l'arasement de ces derniers.

Impostes. — Lorsque les croisées ont des impostes, on laisse continuer les montants dormants du cadre jusqu'en haut de l'ouverture ; à hauteur de croisée on divise le cadre par une traverse ou pièce d'imposte. Les impostes se construisent du même genre que les croisées dont ils sont le prolongement, leurs châssis sont fixes ou mobiles. L'imposte (fig. 71) a un châssis ou guichet mobile et un châssis fixe, le montant du milieu de l'imposte s'assemble avec tenons aux traverses haut et bas de l'imposte ; ce montant a comme largeur celles du battant mouton et de la côte réunis et en plus quinze millimètres pour servir de battue au guichet ; on cloue sur le montant deux champs pour faire prolongement de la côte de la croisée, la pièce d'imposte flotte sur le champ du cadre du côté de la moulure. Lorsque l'imposte est fixe on supprime la traverse du haut au cadre dormant et pour l'imposte l'on ne fait qu'un cadre divisé par un montant de la largeur des battants du milieu de la croisée. Ce cadre d'imposte dont on donne les détails (fig. 72) s'assemble à

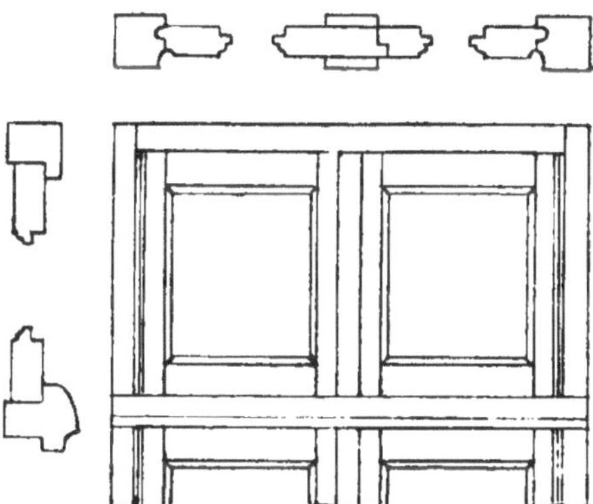

Fig. 71. — Imposte avec un châssis fixe et un châssis mobile.

noix aux montants du cadre dormant et s'embrève à la pièce d'imposte. On le fixe avec deux vis de chaque côté qui traversent les montants du cadre dormant, on rapporte des champs pour faire prolongement à la côte de la croisée sur

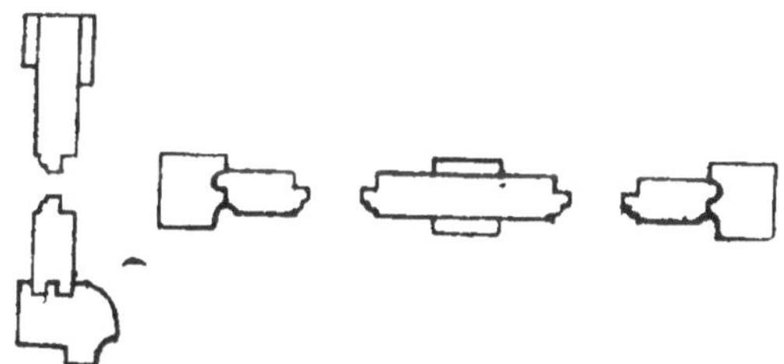

Fig. 72. — Détails d'imposte fixe.

le montant du milieu de l'imposte et sur la traverse du haut pour représenter l'épaisseur de la traverse du cadre dormant que l'on a supprimé.

Croisée à banquette. — La croisée à banquette ou porte de balcon est une croisée dont la partie inférieure est garnie de traverses avec panneaux ; la croisée à banquette (fig. 73) est à table saillante ; on appelle table saillante un panneau embrevé faisant saillie au cadre qui le maintient ; les changements de façon d'avec les croisées précédentes sont dans la table saillante et dans le cadre dormant ou on supprime la pièce d'appui qui gênerait pour le passage. La

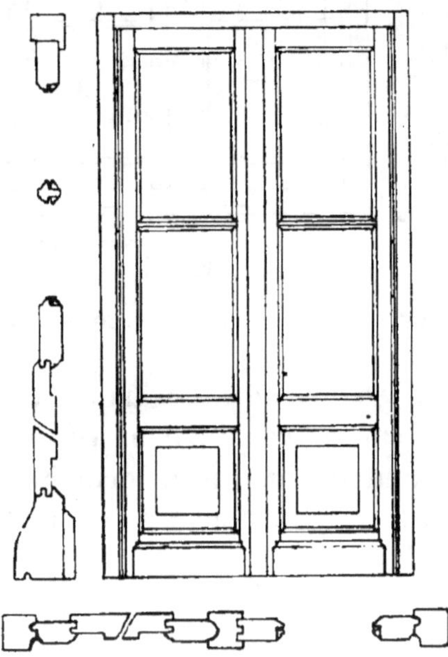

Fig. 73. — Croisée à banquette.

table saillante s'embrève dans le bas du châssis, on laisse à cet embrèvement 3 millimètres de jeu à fond de rainures, sur la largeur seulement ; ce jeu est pour la dilatation que la table peut subir sous l'influence des intempéries, dans le haut de la table saillante on abat une légère pente pour rejeter l'eau ; les traverses qui encadrent la face intérieure de la table se ravancent d'onglet du côté de la moulure et au carrément du côté de l'embrèvement. Dans cette croisée ou porte de balcon, les vitres sont fixées par des parcloses, baguettes moulurées qu'on cloue à joindre les vitres et dans la feuillure. On utilise les parcloses à toutes les portes extérieures qui sont à la vue, on met aussi des parcloses aux portes vitrées qui sont à l'intérieur; ces moulures fixent bien les vitres, elles présentent mieux que le mastic, ce dernier ne s'emploie que pour les croisées ordinaires et les vitrages qui ne sont pas à la vue, il garantit pourtant mieux les boiseries de l'humidité.

Croisées cintrées en élévation. — Il arrive très souvent que le haut des ouvertures est cintré, soit en cintre

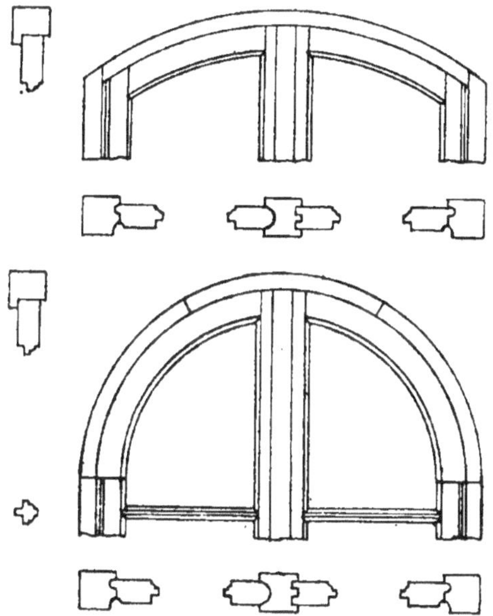

Fig. 74. — Cintres de croisées cintrées.

surbaissé, soit en plein cintre, etc. Dans ce cas, on fait le haut des croisées de manière à ce qu'il vienne s'accorder au tableau de l'ouverture.

La façon des croisées cintrées ne diffère des autres que dans la façon de la partie cintrée ; pour faire cette dernière on est obligé de faire en surplus des plans de hauteur et de largeur un plan de face, pour la partie cintrée seulement ; sur ce plan, sont portés tous les assemblages, les moulures avec leur coupe, les feuillures et les coupes des cerces du cintre.

Le plan (fig. 74) représente le haut d'une croisée à cintre surbaissé et le haut d'une croisée à plein cintre. Pour façonner les parties cintrées, on commence à faire des gabaris en bois mince ou en fort carton des traverses dormants et des traverses de châssis en leur laissant bien entendu la longueur nécessaire pour les tenons, avec ces gabaris on trace sur du bois travaillé d'épaisseur les différentes traverses ; ces traverses on les chantourne à la scie en ayant soin de scier un millimètre en dehors des traits. Il ne reste qu'à rattraper bien exactement et d'équerre les traits du gabari au rabot cintré ; on place ces traverses cintrées sur plan juste à la place qu'elles doivent occuper et on relève les arasements et coupes du plan sur les traverses.

La plus grande difficulté de façon des cintres lorsqu'on n'avait pas de machines était pour pousser les moulures et rainures ; on était alors obligé de faire un outil pour chaque moulure et au cintre désiré, ou les faire au ciseau et au tarabiscot, sorte de guimbarde à arrêt.

Pour les feuillures, on fabriquait des outils cintrés dont le fer était remplacé par une lame de scie que l'on cintrait ; on poussait ces outils sur champ et sur plat du bois pour détacher le bois de la feuillure qu'on finissait en guillaume cintré. Les machines, les toupies principalement ont très simplifié ce genre de travail et ce n'est guère que dans les villages éloignés des villes qu'on le fait encore à la main.

La figure 75 représente les assemblages employés habituellement dans les ateliers pour les parties cintrées en élévation ; les assemblages A sont à tenon et mortaise ; ceux marqués B sont à tenon et enfourchement ; ceux marqués C sont à clef ou faux tenon rapporté dans deux mortaises ; la lettre D désigne l'assemblage avec une clef rapportée dans

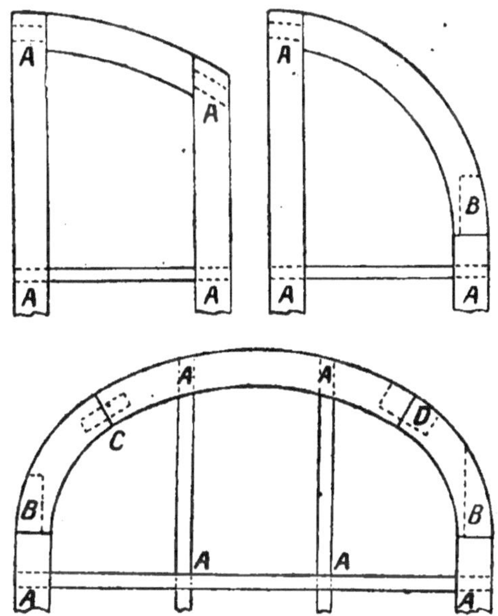

Fig. 75. — Les assemblages et leurs dispositions
dans les cintres.

deux enfourchements. Tous ces assemblages doivent être justes sans forcer. Les coupes doivent joindre exactement des deux côtés en les serrant à la main. Il doit en être ainsi dans n'importe quelle espèce de cintre. Dans ce genre de travail on a pas de facilité pour serrer les différentes parties de l'ouvrage entre elles, si les assemblages forçaient, il serait difficile à faire joindre les coupes. Dans tous les cintres, le bois est forcément découpé, on colle et on cheville si pos-

sible tous les assemblages dans ce travail. La figure 76 nous
représente deux manières de serrage ; on a fixé sur le champ
du cintre des tasseaux permettant au serre-joints de serrer
suivant l'axe du joint. Quand on a un cintre à plusieurs
cerces, on le colle avant de monter le châssis. Voici une
bonne manière pour le coller : on ne colle d'abord les clefs ou
faux tenons dans un bout des cerces que d'un côté du joint,

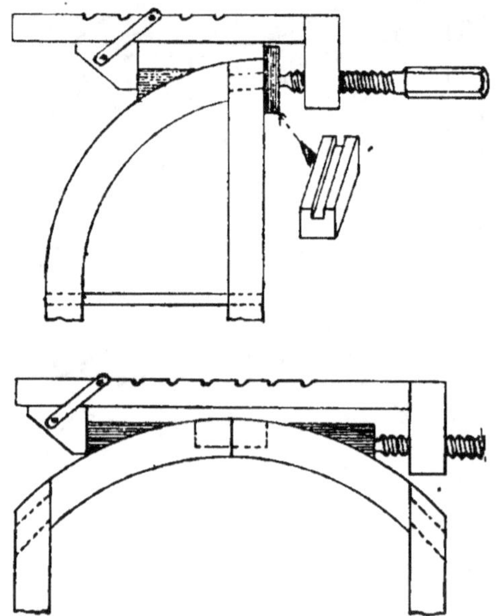

Fig. 76. — Serrage dans les parties cintrées.

puis on monte le cintre et on dispose à chaque moitié d'assemblage non collé une cheville à tire ; il ne reste qu'à finir
de coller. les chevilles font un serrage qui maintient exactement et solidement les coupes des joints une contre l'autre,
on vérifie en présentant sur le plan au moment du collage si
le cintre est au diamètre et au rayon porté. Pour le travail
où il ne faut pas de chevilles, on serre les joints au serre-
joints ou simplement à la main. Seulement dans ce dernier

système, il est rare que les deux parties joignent bien et il est prudent de ne serrer à la main que le travail n'ayant à supporter aucune fatigue et destiné à être peint. Pour le tracé et la façon de la partie inférieure du cintre en élévation, les procédés sont les mêmes que pour les croisées ordinaires.

Persienne. — Pour garantir les habitations des effractions et des orages, les croisées, surtout dans leurs parties vitrées, ne sont pas suffisantes. Pour ce motif on garnit les

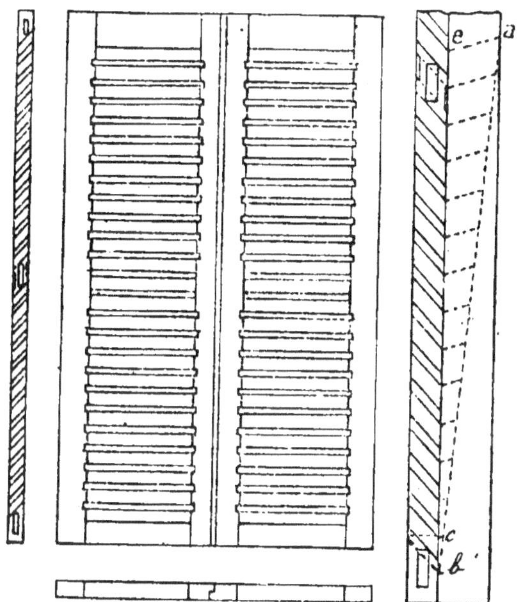

Fig. 77. — Persienne et tracé des lames.

ouvertures de volets ou de persiennes ; nous ne parlerons pas des volets ou contrevents dont la façon est très simple et se rattachant à d'autre travail expliqué.

La persienne est la fermeture par excellence, elle laisse passer l'air et la lumière tout en garantissant suffisamment ; elle est composée (fig. 77) de châssis ; dans les battants de ces châssis viennent s'assembler des lames inclinées d'environ 35°, un peu plus que l'onglet, la pente de ce dernier n'est pas suffisante.

Pour garantir des grandes averses, ces lames se recouvrent en outre de 5 millimètres. Le tracé des châssis ne présente aucune difficulté, il faut toutefois observer, pour tracer les assemblages, que les champs intérieurs des traverses soient abattus à la même inclinaison que les lames. On prend donc la précaution de rétrécir la mortaise de la partie du tenon enlevée par la pente ; le tracé des lames demande beaucoup de précision, il est soumis à un tracé géométrique dont on ne doit pas s'écarter ; on trace d'abord un battant, ce battant est représenté de moitié hauteur afin d'avoir un tracé plus grand, il nous servira à tracer tous les autres ; on porte la hauteur de la persienne sur le champ du battant, puis les traverses haut et bas, on ne trace pas la traverse du milieu, cette traverse se met de la largeur qu'occupe l'emplacement de deux lames, ses champs sont inclinés à la même pente que ces dernières. Au tracé des traverses haut et bas, on porte les épaulements et la pente des lames, cette pente nous sert à limiter les mortaises. Sur la traverse du bas en dessous de la pente on trace l'épaisseur d'une lame, ce dernier tracé ne changera en rien le champ de la traverse, il ne va servir que pour la division des lames. Après avoir figuré la lame, on tire la ligne c d'équerre au battant, de manière à laisser 5 millimètres de recouvrement. Alors sur le plat du battant on trace une ligne oblique qui part du bout de la première lame b jusqu'à l'angle opposé a ; on ouvre le compas du point b au point c, qui est la ligne d'équerre du recouvrement des lames, avec cette ouverture de compas nous fixons les points sur la ligne oblique $a\,b$, à partir du point b jusqu'au point a. Pour fixer notre point a, on prend le point qui se trouve le moins oblique avec le bout de la traverse du haut, mais comme nous n'avons que la moitié du battant, le bout de la lame *e* représente le dessous de cette traverse, on pointe alors une fausse équerre du point *e* au point *a*, et avec la fausse équerre ainsi pointée on tire des lignes de chacun des points portés sur la ligne oblique *b a* ; ces lignes marquent sur l'angle du battant les points de chacune des lames. Les distances sont égales ; nous rapporterons à chaque point de lame son épaisseur et avec une fausse équerre réglée suivant la pente des lames, on finit le tracé des entailles en relevant tous les points des lames portés sur l'angle du battant. Pour tracer les autres battants de la persienne, on les fixe avec celui qui est tracé, on relève à l'équerre les traits

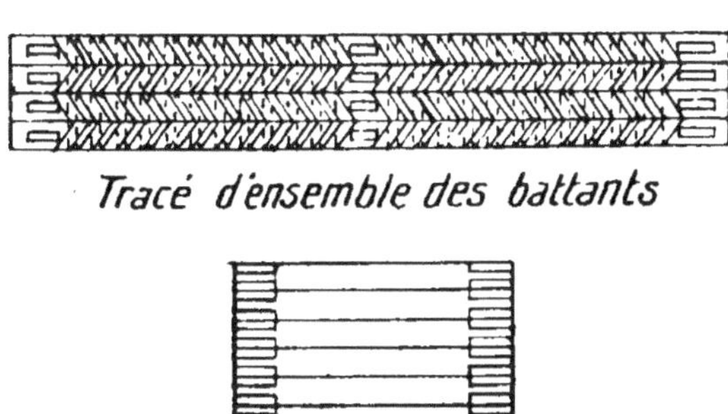

Tracé d'ensemble des battants

Fig. 78. — Tracé des châssis d'une persienne.

du champ de ce dernier sur les trois autres. De ces traits avec la fausse équerre qui nous a servi à tracer les pentes, on relève toutes les entailles et traverses, mais en ayant soin pour cette dernière opération de relever les pentes des battants de gauche à l'opposé des pentes des battants de droite (fig. 78) ou il serait impossible de monter les châssis sous le rapport de la position inverse des entailles. Quand on a plusieurs persiennes de même grandeur représentant une quantité de battants, on n'a pas besoin de tracer les lames à tous les battants, on ne les trace que sur deux battants de gauche et deux battants de droite. Nous verrons plus loin comment il faut s'y prendre pour faire les entailles sans qu'elles soient toutes tracées. Le tracé des traverses des châssis est très simple, on relève leurs arasements sur le plan, et on retourne cet arasement d'équerre sur les quatre faces des traverses. Pour les lames (fig. 79), on n'en trace que deux, à ces deux lames on donne comme arasement 5 millimètres de chaque côté en plus que l'arasement des traverses, ces 5 millimètres sont pour le ravancement de l'entaille ; en surplus de ce ravancement on laisse à chaque bout 15 millimètres pour les tourillons , ces tourillons s'assemblent dans un trou de mèche de grosseur de la lame, percé dans l'entaille et au

Fig. 79. — Tracé et forme de deux lames de persiennes.

milieu du battant ; on n'arrondit pas les tourillons, mais on les laisse sur la largeur de la lame plus étroite que le diamètre du trou de mèche, et pour faciliter leur entrée on les met légèrement en flûte des quatre côtés.

Pour façonner les lames, on les serre toutes l'une contre l'autre dans un châssis spécial à araser les lames de persienne. Les deux lames façonnées de chaque côté serviront de modèles. On vérifie que les arasements de ces deux lames soient d'équerre ; en se guidant sur les modèles on scie toutes les lames de longueur, puis on cloue une règle suivant les arasements. Cette règle sert à guider le guillaume pour araser des deux côtés et à chaque bout toutes les lames à la fois jusqu'aux tourillons ; à la base des tourillons on pousse une petite gorge pour loger la bavure que la mèche peut laisser en perçant les trous des battants, il ne reste plus qu'à finir de mettre les tourillons en flûte dans le sens opposé. Pour les châssis, les traverses n'ont pas beaucoup de façon, on fait les tenons, on abat les pentes et épau-

lements, aux battants il nous reste beaucoup de travail;
nous commençons à faire les mortaises, puis on cloue (fig. 80)
les battants de droite ensemble et en biais les uns des
autres, suivant la pente des lames, on en fait autant pour
les battants de gauche, on a soin de bien graisser les clous
qui servent à fixer les battants. Sans cette précaution on
risquerait de casser ces derniers en les déclouant, ainsi préparés les battants sont disposés pour pouvoir pousser les
entailles. Pour faire celles-ci, on cloue une règle suivant
le tracé des battants de rive. Cette règle sert à guider l'outil

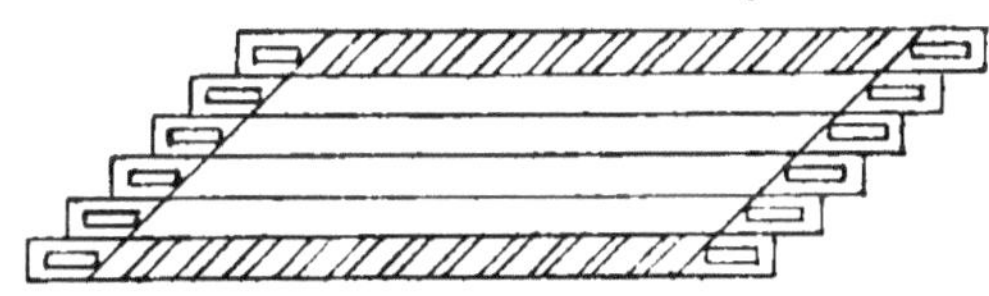

Fig. 80. — Battants de persiennes disposés pour pousser
les entailles.

à entaille dans le sens de la pente des lames et pour la
profondeur. Puis dans chaque entaille au trusquin on
marque le milieu des battants et avec une mèche anglaise
de diamètre de l'épaisseur d'une lame, en se guidant au
trait de milieu, on perce un trou dans chaque entaille des
battants, ce trou a 17 millimètres de profondeur, 2 millimètres de plus profond que le tourillon. Pour que l'on n'ait
pas à vérifier la profondeur à chaque trou que l'on perce, on
fait une douille en bois qui entoure la mèche jusqu'au
vilebrequin. Cette douille est de longueur à faire arrêt
lorsque le trou est à la profondeur désirée. Il ne reste qu'à
monter et à ajuster à battues les deux châssis de chaque
persienne. Il faut remarquer que les battues de la persienne
sont à l'opposé de celles de la porte à doubles vantaux, dans
la persienne et les contrevents le vantail de gauche recouvre
celui de droite.

Persiennes cintrées en élévation. — Cette persienne ne diffère de la précédente comme tracé et façon que dans le cintre; pour faire le cintre des châssis de la persienne on s'y prend comme pour la croisée cintrée, les lames de la partie cintrée peuvent se tracer géométriquement, mais ce tracé est compliqué et demande beaucoup de temps, il n'est pas employé dans les ateliers. Voici une manière simple et pratique pour tracer les lames dans les parties cintrées. Lorsque les bâtis sont prêts à assembler on les monte sans les lames, on les serre dans la position qu'ils doivent avoir, puis l'on présente chacune des lames de la partie cintrée et on trace leurs arasements à fond d'entailles. Il suffit de porter son attention sur la façon de ces lames pour qu'elles s'ajustent parfaitement dans les bâtis.

Persiennes brisées. — Quand on désire ménager la décoration d'une façade de maison, on loge les persiennes dans les tableaux des ouvertures, pour ceci on est obligé de diviser le clair de l'ouverture en quatre, six ou davantage de parties de manière que chaque partie qui représente un bâti ou une brisure de la persienne puisse se loger contre le tableau de l'ouverture sans le dépasser c'est-à-dire sans faire saillie sur la façade. La façon de ce genre de persienne est la même que la persienne ordinaire, les brisures sont assemblées entre elles par un joint à rainure et languette, on dégage l'extrémité de la languette pour faciliter le développement de la persienne.

Depuis quelques années, on tend à remplacer les persiennes brisées en bois par des persiennes brisées en fer, ces dernières sont moins encombrantes.

Portes d'intérieur. — Nous allons examiner successivement une porte arasée, une porte à petit cadre qui nous servira d'exemple, une porte à vitre à petit cadre et une porte palière à grand cadre.

Porte arasée. — Ce qui fait donner le nom d'arasée, ce sont les panneaux qui d'un côté ou des deux côtés sont arasés au même arasement que les traverses et viennent du côté de l'arasement affleurer le châssis, ne formant avec lui qu'une même surface. La porte (fig. 81) est arasée d'un côté et à petit cadre de l'autre, les traverses n'ont de ravan-

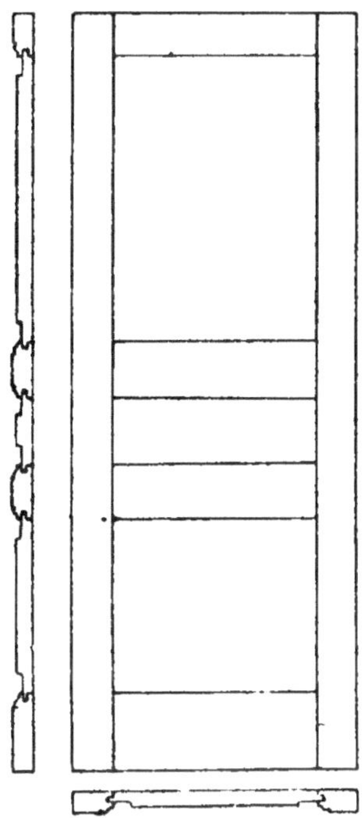

Fig. 81. — Porte arasée d'un côté à petit cadre de l'autre.

cement à leurs arasements que du côté à petit cadre. Cette porte est très simple, il faut toutefois tracer les arasements des panneaux exactement comme ceux des traverses et division des battants du côté arasé. Quand la porte est arasée des deux côtés, on ne met qu'une traverse au milieu de la porte afin que les panneaux soient de même hauteur.

Porte à petit cadre. — Cette porte est ordinairement composée de deux battants et de quatre traverses. On met les battants d'environ 10 centimètres de large, la traverse du haut de même largeur, les traverses du milieu de la largeur des battants et en plus la largeur de la moulure qui orne le châssis, la traverse du bas d'environ 18 centimètres de large. Pour remplir le châssis, un panneau du bas,

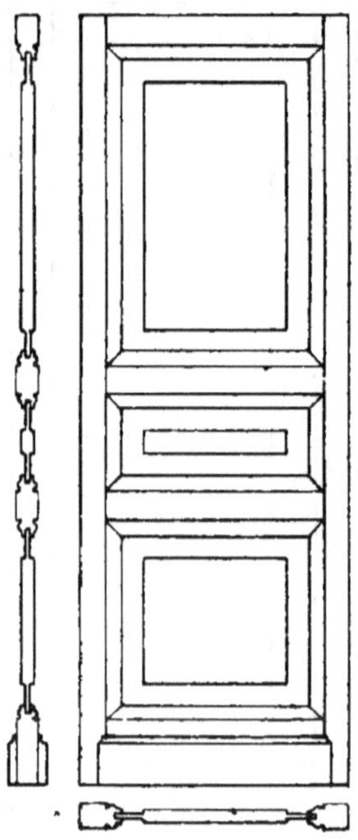

Fig. 82. — Porte à petit cadre.

une frise et un panneau du haut, ce dernier panneau doit être toujours plus haut que celui du bas, la frise varie entre 15 à 20 centimètres de large et le haut de la frise se place à environ 1 mètre du bas de la porte, ce qui guide pour la hauteur du panneau du bas ; pour recevoir les panneaux, on descend la rainure de 15 millimètres de profond. Quand la porte est très large il arrive que la largeur du panneau du bas est bien plus grande que sa hauteur ; dans ce cas, pour la bonne harmonie de l'ensemble de la porte, on met un montant meneau qui partage en deux parties le panneau du bas et par contre-coup un montant qui partage le panneau du haut, la frise se partage rarement. La porte (fig. 82) est-elle à trois panneaux ? nous allons en suivre le travail. On trace d'abord les deux battants (fig. 83), on relève la hauteur de porte sur les champs des battants, ses traverses haut et bas. A un mètre du bas de la porte, on trace le haut de la frise, ce trait nous guide pour les traverses. On porte successivement au-dessus du trait une largeur de traverse, au-dessous du trait les largeurs de la frise et de la deuxième tra-

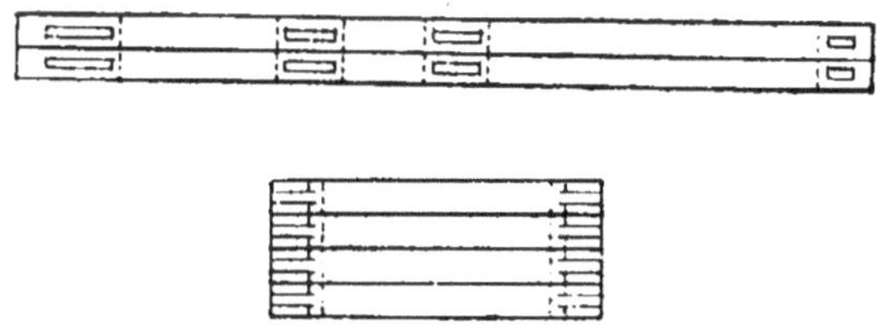

Fig. 83. — Tracé du châssis d'une porte à petit cadre.

verse puis on trace les ravancements de rainure et les épaulements ; pour ces derniers, environ 25 millimètres pour la traverse du haut et 35 millimètres pour la traverse du bas. Pour tracer les traverses (fig. 84), on trace en dedans de la largeur de porte et de chaque côté la largeur d'un battant, sur cette largeur on porte le ravancement de la moulure, on trusquine les assemblages et le tracé du bâti est fini. Nous allons laisser ce dernier et prendre les panneaux. On débite le bois 2 ou 3 centimètres plus long que la hauteur des panneaux, puis on bouvète et colle les morceaux de feuillet pour faire les largeurs nécessaires ; pour donner à la colle le temps de sécher, nous reprenons le bâti ; nous façonnons les assemblages, il est à remarquer qu'on ne fait pas tra-

verser les mortaises du milieu des battants, on les fait venir
à 2 centimètres du champ extérieur, il faut qu'il reste assez
de bois pour que les battues ou les contre-feuillures ne
découvrent pas les mortaises ; les tenons ne s'arasent que plus
tard, si on arasait immédiatement, on aurait de la difficulté
à rainer et moulurer les champs du châssis. Dans la porte
qui nous occupe, les deux faces ont les moulures pareilles,
on pousse donc la rainure bien au milieu de l'épaisseur du
bois ; pour pousser les moulures on fait une règle étroite
et mince qui entre à plein dans la rainure, cette règle sert
de guide de profondeur à l'outil à moulure sur toute la
longueur des battants et traverses. On scie les coupes à
laisser la moitié du trait de la pointe sèche, c'est dire que
la coupe doit être faite juste à son trait. Dans un ouvrage,
ce sont les coupes des moulures qui frappent immédiatement la vue et ce sont elles qui font la beauté du travail.
Aussi ne saurait-on mettre trop d'attention pour les faire.
Sur les battants on ébarbe les coupes, c'est-à-dire qu'on
fait sauter la moulure de l'intérieur de la coupe pour loger
les ravancements des traverses ; pour ces dernières on arase
les tenons, on fait sauter les épaulements ; il reste à finir
les panneaux, on porte d'abord sur une tringle la hauteur et
la largeur des panneaux, mesures prises à fond de rainure
en tenant compte qu'on laisse 1 millimètre de jeu sur la
largeur du bois, cette manière de procéder est prudente, surtout si on fait plusieurs portes à la fois, on est plus sûr de
ne pas se tromper et on va plus vite pour tracer les panneaux. Les panneaux de grandeur voulue, on leur pousse
une plate-bande tout autour sur les deux faces, la partie
élégie doit venir remplir exactement la rainure du châssis ;
pour arriver à l'épaisseur, avec le fer qui a servi à pousser
la rainure du châssis, on raine le champ d'un morceau
de bois, on donne à ce morceau de bois le nom de molet
et le travail qui consiste à mettre à l'aide de la rainure du

molet le bois élégi juste à l'épaisseur voulue porte le nom de mettre au molet. On replanit les panneaux et on les ponce ainsi que les moulures du châssis, on vérifie si les tenons des traverses du milieu ne sont pas trop longs et on monte la porte. Quand on serre la porte afin de la cheviller, on commence toujours à serrer les traverses du milieu, car il arrive parfois que les panneaux sont trop longs. Si on serrait une des traverses des bouts la première, on chasserait les traverses du milieu, ces dernières butant contre le panneau qui les a chassées ne pourraient pas prendre leur place et on ne se rendrait pas compte immédiatement si ce butage provient des panneaux ou des assemblages des traverses du milieu ; tandis qu'en serrant au milieu, les traverses se placent et on a toute commodité pour amener celles des extrémités. S'il y a des inconvénients on découvre immédiatement le motif.

Il arrive que l'on doive faire descendre ou monter une des traverses haut ou bas dont le tenon est à plein dans la mortaise. Pour éviter de démonter la porte, — ce qui demande assez de temps, — on perce le tenon du côté où la traverse demande à aller d'un trou de mèche jusqu'à arasement ; ce trou de mèche de la grosseur du tenon fait un vide à celui-ci et permet d'amener la traverse. Il est inutile de dire que la porte sera mise bien d'équerre, on vérifie le carrément soit avec la pièce carrée soit à l'équerre. Pour les grands châssis, on vérifie avec une tringle, voici comment on procède : on porte sur la tringle la distance de l'angle du bas de droite à l'angle du haut de gauche. Afin que le châssis soit d'équerre, il faut que cette distance soit la même que la distance des deux angles opposés du châssis. Les battants des portes et en général toutes les boiseries dont les cadres n'ont pas de traverse dans le bas se coupent dans le haut à l'alignement de la traverse, mais on leur laisse toute leur longueur dans le bas, laissant le soin de les couper à l'ouvrier qui doit poser la boiserie. Celui-ci scie les battants suivant le niveau du plancher.

Avant de parler de la porte vitrée, nous allons nous entretenir de quelques travaux secondaires qui seront souvent utiles pour la menuiserie à châssis et à panneaux.

Chevillage des châssis. — Pour cheviller les assemblages des châssis, on ne place pas les chevilles toutes deux à la même distance de l'arasement ce qui ferait fendre la joue du battant, la figure 84 nous montre leur disposition qui a aussi l'avantage de moins découper le tenon.

Coinçage des châssis. — Pour coinçer les tenons (fig. 84), on met habituellement le coin entre le tenon et la mortaise. Quand on veut un coinçage propre et très solide,

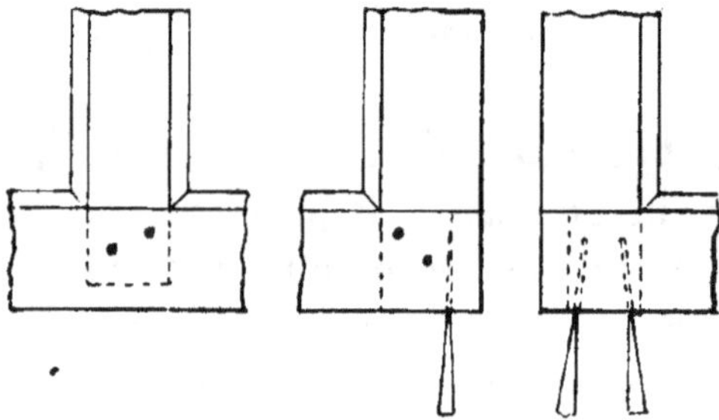

Fig. 84. — Chevillage et coinçage d'assemblages de châssis.

principalement sur les champs où il y a des feuillures et pour le travail non chevillé, voici une manière de coincer. Avant de monter, on donne un trait de scie au tenon en prenant très peu de bois à son extrémité et se dirigeant vers le centre suivant la direction portée sur la figure, dans ce trait de scie on enfonce un coin avec un marteau ; tous les coins doivent se coller, il est indispensable de coincer les châssis mobiles pour les rendre plus solides.

Redressage d'un battant gondolé. — Quand le bois d'un battant a ses fibres entrecoupés, il arrive qu'après avoir été corroyé il se cintre sur son plat. Pour pouvoir l'employer, il faut qu'on le redresse sans toucher à son épaisseur. Voici comment on s'y prend : Il y a dans les ateliers de menuiserie une cheminée très large qui est utilisée pour faire chauffer la colle et le bois à coller. Cette cheminée s'appelle la sorbonne.

On fait chauffer à la sorbonne la face ronde du battant, tout en mouillant à l'eau chaude la partie creuse. Le battant ainsi préparé reprend sa forme primitive parfois par le seul effet de la chaleur. Toutefois il ne se maintiendrait pas longtemps ainsi. Il faut donc quand on a bien chauffé la partie ronde mettre le battant sur une partie plane, l'établi par exemple, et on dispose le battant à redresser (fig. 85), à plat sur l'établi, la bosse en dessous et reposant sur une cale.

Fig. 85. — Disposition pour redresser un battant gondolé.

On fait alors pression aux deux extrémités jusqu'à ce qu'elles touchent l'établi. La cale qui est au milieu force le battant à se courber en sens opposé ; on le fixe dans cette position et on l'y laisse un certain temps, du samedi au lundi par exemple. Après être desserré, le battant se redresse et reste droit. Il vaudrait mieux qu'il gardât une légère courbe en sens opposé de la première ; par la suite les assemblages et les panneaux l'empêchent de gondoler.

Redressage d'une porte qui s'est gauchie. — Le battant que nous venons de voir s'était courbé avant d'être assemblé. Souvent il arrive, surtout dans le chêne, que sous la torsion de deux battants nerveux, une porte gauchit assez pour nuire à son ajustage. Il devient indispensable de la redresser. Pour la dégauchir (fig. 86), on la coince de la manière suivante ; pour bien démontrer ce coinçage et en faciliter les explications nous avons développé les champs extérieurs des battants et marqué sur la porte les angles qui

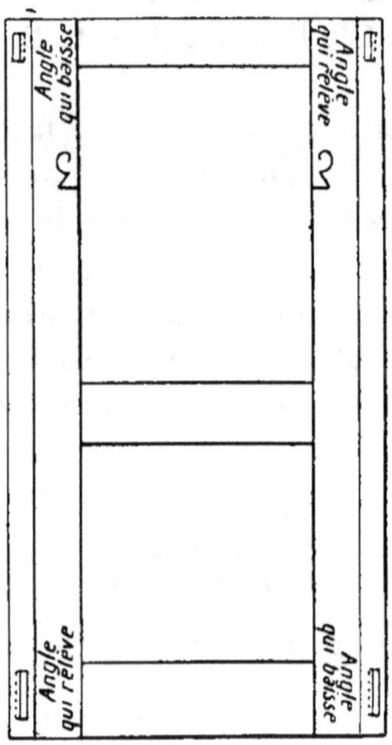

Fig. 86. — Redressage d'une porte qui s'est gauchie.

baissent et relèvent au dégauchissement ; pour ramener ces angles au même niveau, voici comme on s'y prend. Dans les angles qui baissent au dégauchissement, on retire du bois à la joue de la mortaise du côté du pointillé, c'est-à-dire du côté du devant de la porte. Il faut remarquer que c'est seulement au dehors du battant que l'on enlève du bois et la partie ainsi retirée est amenée à rien du côté de l'arasement. On coince le tenon du côté opposé où le bois a été retiré. Pour les angles de la porte qui relèvent au dégauchissement, on retire du bois à la joue qui est au-dessous de la mortaise suivant le pointillé et on coince entre la joue de dessus et le tenon. Pour ramener trois centimètres de gauche à une porte, on ôte environ trois millimètres d'épaisseur de bois aux joues des mortaises qu'on retouche. Le gauchissement d'une porte ne provient souvent que d'un seul battant qui, au lieu de s'être tordu comme les précédents, s'est beaucoup cintré dans le sens de la hauteur ; pour dégauchir cette porte on ne la coince pas, le battant courbe resterait courbe. On change ce dernier et pour le remplacer on façonne un battant droit dans le sens de la longueur, mais gauche en son travers dans le sens opposé de la porte à ramener, les deux gauches en se contrariant dégauchissent la porte.

Feuillet en bois contre-plaqué. — On fait usage depuis quelques années pour remplacer les panneaux à glace de porte à petit cadre, et pour les lambris, fonds de tiroirs, etc., de feuillets composés de plusieurs feuilles de plaquage contre-plaquées l'une sur l'autre, c'est-à-dire que le bois de fil de l'une est collé contre le bois en travers de l'autre feuille. Ces feuillets qui portent le nom de contre-plaqué se font de plusieurs épaisseurs et de différents bois, ils ont l'avantage de ne pas se retirer et déjoindre et de moins gondoler que les panneaux ordinaires.

Porte vitrée. — La porte vitrée (fig. 87) a la même façon pour sa partie du bas que la porte précédente. Relativement à sa partie du haut, sa façon est la même que le vitrage d'une croisée. La différence qui existe avec une porte ordinaire provient de ce que la moulure du vitrage est bien plus étroite que la moulure qui orne le bas de la porte. Pour la bonne harmonie de l'ensemble, il faut que la base des deux moulures soit sur la même figure. Il est alors nécessaire que le battant soit plus large en bas qu'en haut, de toute la différence de largeur des moulures, formant un décochement ou dérasement à la traverse du milieu ; pour faire ce dérasement de largeur on colle un champ de même bois que le battant sur la partie du bas de ce dernier, ce champ est de même épaisseur que la différence de largeur des deux moulures. Cette méthode est certainement la meilleure, car le collage fait corps avec le battant, ce qui permet de pousser les rainures et moulures suivant les autres parties du châssis. Si le bois est juste d'épaisseur, il est rare d'avoir des désaffleu-

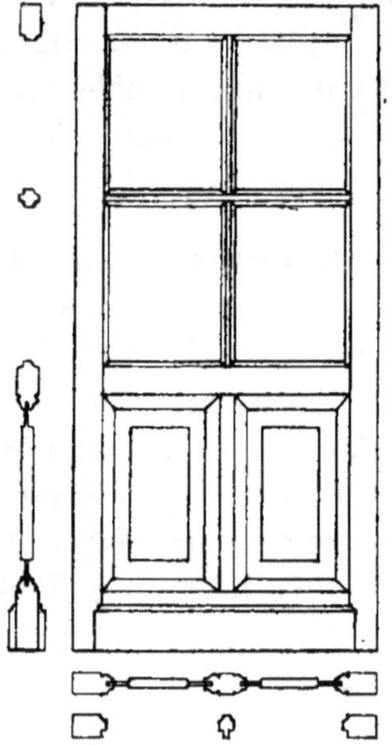

Fig. 87. — Porte vitrée.

rements dans les onglets des moulures, ce qui n'arrive pas dans la méthode suivante et qui est aussi très employée dans les ateliers.

Dans cette méthode, pour le dérasement ou ravancement de moulure, on rapporte complètement la moulure qui s'embrève dans le battant (fig. 88) ; cette moulure qui est profilée sur toutes ses faces n'est pas facile à tenir convenablement pour pouvoir pousser exactement pareils tous les profils, soit à la main avec l'outil à moulure, soit par le machiniste pour la façonner à la toupie. Il arrive neuf fois sur dix que la moulure désaffleure aux coupes, principalement en contre-parement. Il faut passer beaucoup plus de temps à regréer les coupes que pour le premier cas cité et le travail n'est pas si beau. Dans les portes vitrées, les vitres se fixent avec des parcloses. Pour utiliser le bois et pousser la moulure de la

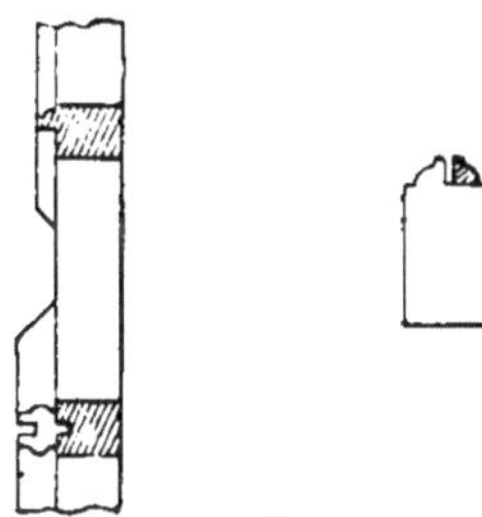

Fig. 88. — Moulure rapportée par embrèvement, parclose détachée dans la feuillure.

parclose plus facilement, on prend les parcloses dans le bois des feuillures à verre (fig. 88) ; voici comment on s'y prend : on pousse une rainure de l'épaisseur de la vitre et de la profondeur de la feuillure à verre, puis des deux côtés de la rainure on pousse un quart de rond, on détache avec la scie à cheville le quart de rond qui est en contre-parement, ce quart de rond sera la parclose. Il ne reste qu'à nettoyer la feuillure et le sciage de la parclose. Ces parcloses se coupent d'onglet dans l'encadrement des feuillures et s'épinglent dessus. Épingler veut dire clouer sans enfoncer complètement le clou, pour qu'on puisse le retirer facilement au moment de la pose des vitres.

Porte à grand cadre. — Nous allons examiner les différentes phases de la façon de la porte à grand cadre (fig. 89). la façon du châssis est très simple, les traverses sont ravancées au carrément dans les battants ; pour loger ces ravancements on ébarbe les battants d'un millimètre de

moins de profondeur que l'embrèvement ; ainsi pour 8 millimètres de profondeur d'embrèvement on ne trusquine que
7 millimètres ; l'ébarbement se fait légèrement à cuvette.
Cette précaution est utile pour le bon serrage des cadres.

Avant de pousser les embrèvements on replanit le châssis,
le bois du châssis doit avoir un bon millimètre de plus

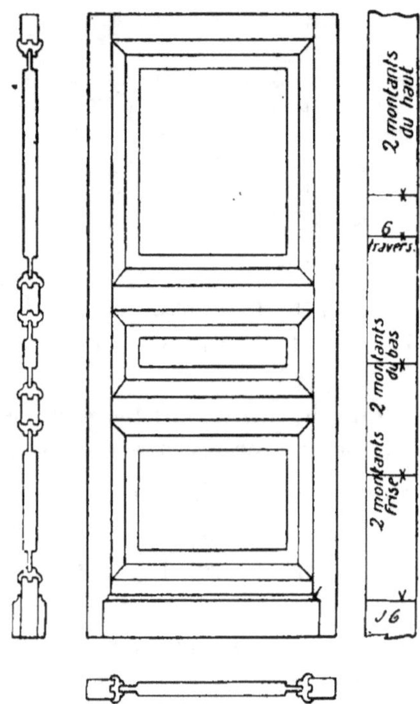

Fig. 89. — Porte à grand cadre et règle de dimensions
pour les moulures des cadres.

d'épaisseur que la largeur d'embrèvement de la moulure du
cadre. Ce millimètre de plus fort est pour le replanissage.
Si on l'oubliait, il y aurait du vide entre le cadre et le châssis,
ce qui serait défectueux. Le châssis se replanit et se râcle
avant de monter complètement la porte. Ce travail serait
difficile à faire ensuite, à cause du champ du grand cadre

qui surchappe le châssis. Pour façonner des cadres, il y a une série de précautions à prendre. Nous allons les passer en revue. Nous ne parlerons pas de la façon de la moulure et de l'embrèvement que nous avons déjà expliqué. On porte d'abord sur une règle (fig. 89) les dimensions et la quantité de morceaux de moulure qu'il faut pour les cadres. Relativement à la hauteur des cadres on prend exactement la distance à fond d'embrèvement. Pour la largeur on prend la distance d'un arasement à l'autre d'une traverse et en plus un millimètre pour que le châssis serre bien les cadres à fond d'embrèvement sur la largeur de la porte, ce qui en fait la solidité ; on coupe les moulures à grand cadre à la boîte à coupes ; on laisse aux morceaux de moulure 3 millimètres de plus long que les mesures portées sur la règle à dimensions, ces 3 millimètres sont pour pouvoir recaler les coupes. Pour scier tous les morceaux de même longueur sans avoir à mesurer chaque fois, on se sert d'une butée, c'est-à-dire qu'à la longueur voulue on fixe un morceau de bois où vient s'arrêter le bout de la moulure que l'on veut scier. Pour le recalage des coupes, on recale d'abord deux coupes, on présente ces deux coupes l'une contre l'autre ; avec une pièce carrée on vérifie si, tout en joignant exactement sur les deux faces, les deux morceaux de moulure sont à l'équerre ; sinon, on arrange en conséquence le fer de la varlope ou la boîte à recaler. Pour les coupes, il vaut mieux qu'elles pincent du côté du panneau, car le bois de la moulure, en séchant ou en travaillant, tend toujours à faire ouvrir l'onglet du côté du dedans du cadre. On recale ensuite tous les morceaux de moulure sur une coupe, puis, pour tous les morceaux de même longueur, en se servant d'une butée, on les recale exactement de la longueur portée sur la règle de dimensions. On donne au milieu de chaque coupe un trait de scie d'environ 8 millimètres de profondeur. Ce trait de scie est pour loger une lame de zinc ou pigeon de 15 millimètres de largeur et de la longueur de la coupe jusqu'au panneau ; ce pigeon, qui entre dans les deux traits de scie d'un joint, est pour éviter, au cas où l'onglet se déjoindrait plus tard, de voir le jour à travers. Dans les lambris à grand cadre qui, eux, sont fixés contre les murs, on ne met pas de pigeon. Les morceaux de cadres étant ainsi préparés, on perce dans les angles des moulures qui vont sur les traverses des trous fraisés ; dans ces trous qui logent les vis qui vont maintenir les angles des cadres, il faut que le collet des vis entre facilement. S'il forçait il empêcherait le bon serrage du joint. Les cadres doivent toujours se visser du haut et du bas, c'est-à-dire des côtés qui s'embrèvent sur les traverses du châssis. Ainsi vissées, les vis retiennent mieux les onglets. Elle les empêchent de couler au moment du serrage de la porte. Pour le vissage de chaque cadre, on monte le cadre sur son panneau, on glisse un pigeon dans les traits de scie de chaque angle ; on fait une tringle qui entre bien à plein dans la rainure de l'embrèvement, cette tringle, on la place aux angles où elle prend l'embrèvement des deux parties du joint et tient ainsi les profils à la même hauteur ; on fixe les deux moulures d'un angle avec le valet d'établis au moyen d'un morceau de bois blanc qui prend sur les deux moulures, et on visse à bloc les deux moulures qui font angle, mais de telle sorte que les profils du joint s'accordent exactement, c'est-à-dire ne se désaffleurent dans aucun sens. Nous ne parlons pas ici du finissage : il est le même pour toutes les portes.

Dans un appartement, il arrive parfois qu'une porte sépare deux pièces n'ayant pas la même décoration. Dans ce cas, les moulures peuvent être d'un style différent et à différentes hauteurs ; on est obligé de faire un châssis disposé pour recevoir les moulures aux hauteurs demandées pour chaque face de la porte. Dans ce genre de porte, les moulures et traverses (fig. 90) viennent se joindre intérieurement. Les cadres ainsi disposés s'appellent flottés. La figure nous représente des moulures de différents profils embrevées dans la traverse du haut d'un châssis et d'autres moulures à grand cadre embrevées dans deux traverses de milieu qui sont dérasées de hauteur avec flottement.

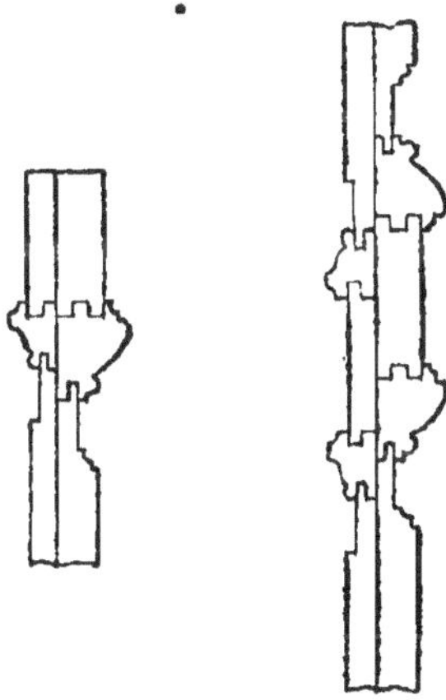

Fig. 90. — Grands cadres à double parement,
moulures à hauteur différente.

Ce genre de porte demande beaucoup de précautions pour le traçage des assemblages ; les mesures d'épaisseurs de bois et les grandeurs de cadres et panneaux doivent être relevées bien exactement suivant le plan ; on ne fait pas traverser les chevilles qui lient les traverses du milieu de la porte.

Battues et battements. — Les cadres d'huisserie ou les chambranles sont souvent très larges ; ils nécessitent pour les fermer plusieurs châssis sur leur largeur. Les portes sont dans ce cas à deux, trois ou quatre vantaux. Pour faire liaison entre les châssis, on fait des battues ou on rapporte des battements (fig. 91) ; les battues sont profilées sur le champ des battants, on leur rapporte parfois des couvre-joints ; les battements sont rapportés avec embrèvements :

ces embrèvements se mettent souvent plus épais d'un côté, ceci est pour permettre de loger la serrure.

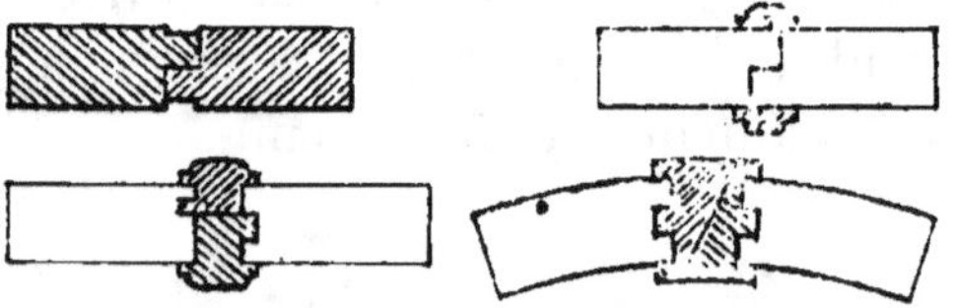

Fig. 91. — Joints avec battues, couvre-joints et battements.

Porte à grand cadre cintrée en plan. — Pour exécuter ce genre de porte, il faut faire un plan horizontal et

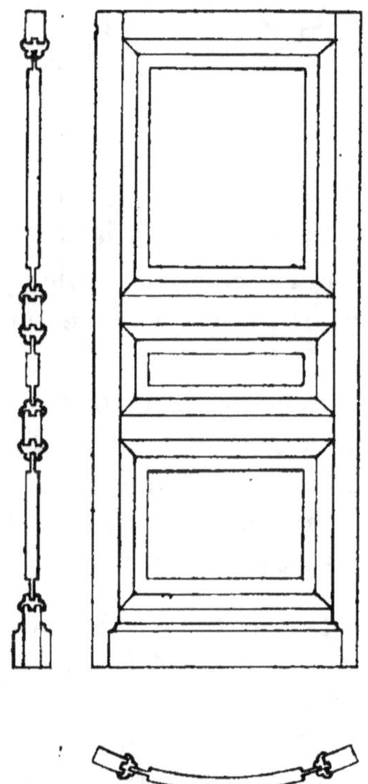

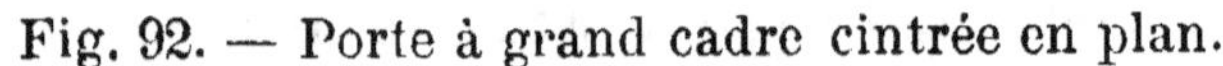

Fig. 92. — Porte à grand cadre cintrée en plan.

un plan d'élévation grandeur naturelle. Pour travailler le bois de la porte (fig. 92), on fait un gabari afin de tracer la courbure des battants. Si les portes sont légèrement cintrées en plan, on ne courbe pas les battants : un léger cintre est à peine visible sur leur largeur. On ne façonne les battants suivant le plan que lorsque le cintre est prononcé.

On fait des gabaris pour les cintres des traverses, les moulures de cadres et pour les panneaux. Ces gabaris doivent avoir exactement la même forme et les mêmes dimensions que le plan. On prend du bois assez épais pour pouvoir y débillarder les différents cintres qui sont nécessaires à la porte. S'il s'agit de travailler les battants, on trace sur leurs extrémités, avec le gabari, la forme qu'ils doivent avoir, cette forme se donne à la varlope et au rabot rond. Il faut toutefois vérifier, à la règle et aux gabaris à l'intérieur et à l'extérieur, si les battants ont une courbe régulière sur

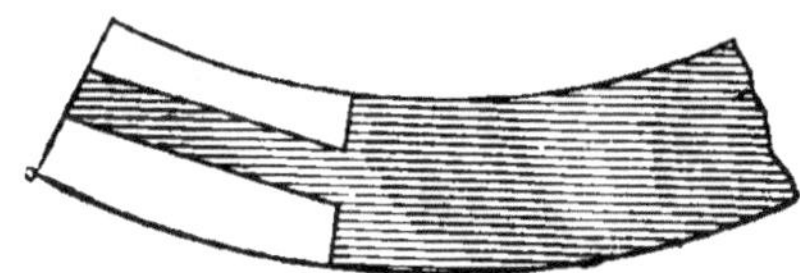

Fig. 93. — Assemblage dans une partie cintrée en plan.

toute leur longueur. On regarde également si les arêtes des champs se dégauchissent. Comme dimensions on doit arriver exactement aux traits tracés au gabari. Pour les traverses de châssis et de cadre, on les façonne de large ; puis on trace leur courbe au gabari. Pour le sciage, on doit laisser les traits qu'on rattrape ensuite au rabot cintré. Tout ce travail doit être fait avec une exactitude rigoureuse. Il faut qu'en présentant les différents morceaux sur le plan, ces morceaux lui soient tout à fait conformes. Le tracé des battants est le même que celui d'une autre porte ; pour tracer les arasements des traverses, on place ces dernières sur le plan et on les relève à la pointe sèche, on continue le tracé à l'équerre sur les deux faces des traverses ; les deux traits des faces se raccordent sur les champs ; quant à l'assemblage, on le place dans la position où il découpe le moins le tenon, c'est-à-dire plus ou moins du côté du creux, suivant que le bois de la traverse est entrecoupé. La figure 93 nous représente un assemblage ; pour tracer les tenons on fait un gabari qui vient épouser la mortaise et se continue suivant la courbure de la traverse. On trace au gabari le tenon sur les deux champs de la traverse ; sur le bout de cette dernière on rejoint le tracé au trusquin.

Façon des panneaux. — Pour les panneaux, si la courbe est prononcée, il faudrait une trop forte pièce de bois pour les débillarder dans le massif et causerait beaucoup de travail, dans ce cas on les fait à douelles assemblées entre elles ; on met plus ou moins de douelles suivant l'épaisseur du bois dont on dispose. Pour travailler les douelles, on fait un gabari suivant la courbe et qui doit être de l'épaisseur

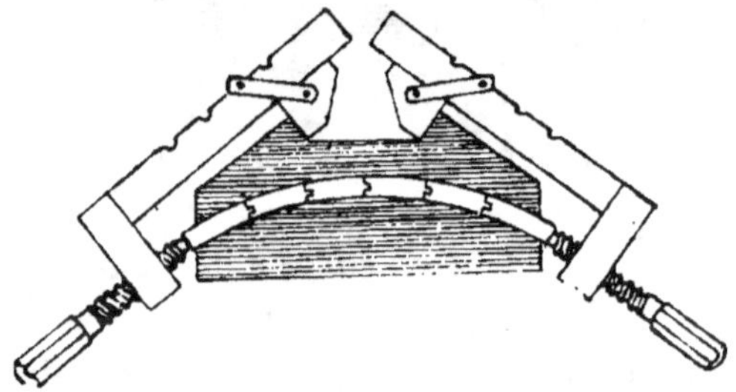

Fig. 94. — Serrage d'un panneau courbe.

du panneau, on donne aux champs de ce gabari une pente suivant le rayonnement du cintre. On trace les douelles des deux bouts et on les façonne à rattraper les traits, puis on les bouvette en tenant l'outil du côté du creux. Les douelles étant disposées à la courbe voulue on vérifie si tous les assemblages joignent bien des deux côtés ; le bouvetage ne doit pas forcer pour faciliter le serrage.

Pour le collage des panneaux (fig. 94), on fait des cales et des colliers épousant les courbes du panneau et disposés de façon à pouvoir serrer ce dernier avec des serre-joints. On commence à serrer à blanc, c'est-à-dire sans colle, pour s'assurer que tous les joints s'ajustent toujours convenablement; puis on colle le panneau; pour ceci, on fait chauffer les joints à la sorbonne, on les enduit ensuite de colle qui ne soit pas trop épaisse. Il ne reste plus qu'à serrer le panneau. Les collages des panneaux étant secs, on nettoie l'excédent de colle, on régularise les courbes des panneaux sur les deux faces, puis on les coupe de grandeur; notre bois est alors en grande partie travaillé; il ne reste plus que le façonnage des mortaises et tenons; pour les embrèvements, moulures et plates-bandes, il a déjà été expliqué que pour faire ces différentes choses à la main dans les parties cintrées, il

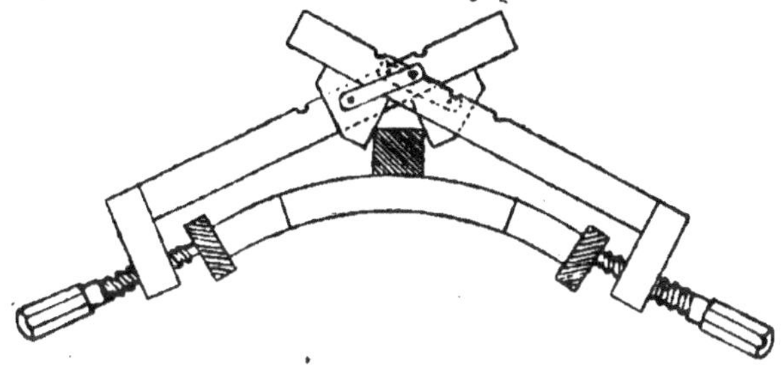

Fig. 95. — Serrage d'une porte cintrée en plan.

faut un outil spécial destiné à chaque chose. A notre époque où les machines-outils sont répandues partout, on donne le bois à façonner au machiniste, qui le rend tout préparé, n'ayant besoin que d'un polissage. L'achèvement de la porte cintrée se fait comme pour la porte à grand cadre plane, sauf pour les moulures à grand cadre des traverses; on embrève ces moulures sur leur traverse, on trace alors les arasements de ces dernières sur le champ des moulures; on présente ensuite les moulures sur le plan et on vérifie si le trait d'arasement porté correspond exactement au rayonnement du plan. Pour recaler les moulures des traverses, on biaise la moulure dans la boîte à recaler de manière à pouvoir raboter juste d'onglet suivant le trait de rayonnement ; les moulures des battants se recalent comme les moulures de porte plane. Pour le serrage de la porte cintrée en plan, on peut s'y prendre de la manière que représente la figure 95, cette manière est très pratique, elle ne demande que peu de préparation ; on fixe un poteau d'huisserie ou un chevron au milieu de la porte du côté du rond et sur toute la hauteur de la porte ; ce chevron sert de butée à la patte du serre-joint pour pouvoir serrer le champ du battant, on met 2 serre-joints à se joindre et à serrage de différent côté ; on visse les serre-joints simultanément, on met ainsi de ces couples de serre-joints en face de chaque assemblage.

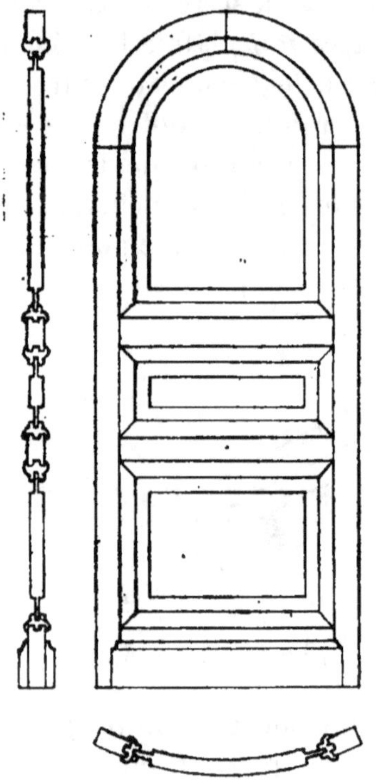

Fig. 96. — Porte cintrée en plan et en élévation.

Porte à grand cadre cintrée en plan et en élévation, c'est-à-dire à double courbure. — La façon de la porte (fig. 96) est la même jusqu'à la naissance du cintre en élévation que la porte cintrée seulement en plan ; le traçage du bois du cintre en élévation à la fois cintré des deux côtés demande un tracé spécial de la géométrie descriptive. Nous allons expliquer le tracé d'une cerce du châssis dans la double courbure, le traçage de la moulure à grand

cadre et de la traverse du cadre dormant se fera exactement
par les mêmes procédés. Il n'y aura que les grandeurs de
cintre et les épaisseurs du bois qui ne seront pas les mêmes;
la figure 97 nous montre les projections employées pour
trouver le calibre rallongé qui permettra le tracé définitif
d'une cerce du châssis. Le calibre et les projections de cette
cerce nous serviront pour la deuxième cerce du châssis du
cintre en plan et en élévation qui est exactement pareille à la

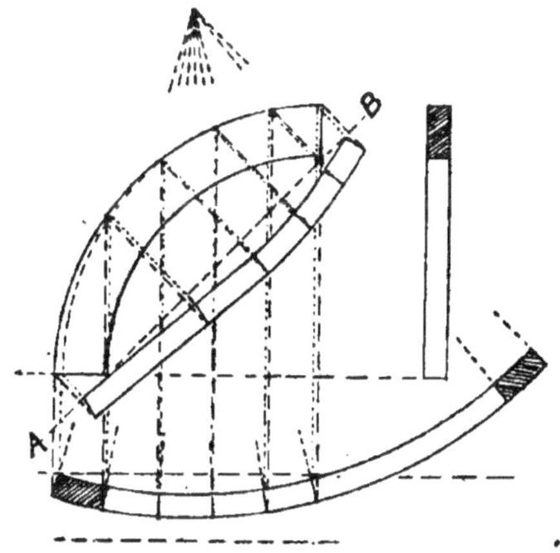

Fig. 97. — Tracé d'une cerce d'un cintre en plan
et en élévation.

première cerce, mais en prenant la précaution de ne tracer
la courbe du calibre rallongé qu'après avoir retourné le
calibre de face, c'est-à-dire que si on a tracé la pièce de bois
de la première cerce, le parement du calibre rallongé se
trouvant dessus ; on trace la pièce de bois de la deuxième
cerce, le parement du calibre rallongé se trouvant en dessous.

Le cintre en plan et en élévation est un cintre établi dans
une surface cylindrique ; la porte qui nous occupe qui est
courbe en plan est considérée comme une surface cylindrique
et comme notre cerce (fig. 97) est courbe aussi en élévation ;

on ne peut pas établir un plan de cette dernière sur une surface cylindrique qui puisse nous donner l'étendue exacte de la cerce. On ne peut déterminer cette étendue qu'en cherchant une certaine courbe rampante correspondant au plan et dont l'élévation aurait les mêmes extrémités. C'est cette courbe que l'on tirera de large de l'épaisseur de la cerce qui nous servira de calibre rallongé. Pour trouver ce calibre rallongé, nous n'avons qu'à suivre les divers tracés que représente la figure sur la moitié du cintre en plan ou cerce de gauche, sur cette cerce est portée la largeur du battant et le reste de la cerce est divisé suivant le rayonnement de l'axe du cintre en autant de parties qu'on juge à propos; toutes les lignes qui divisent notre cerce nous les rapporteront sur le calibre rallongé; elles nous serviront à obtenir le gauche des champs de la cerce. La cerce en plan étant divisée, de chaque division on élève des perpendiculaires qui correspondent à la cerce en élévation. Ces perpendiculaires sont retournées d'équerre suivant une ligne droite qui relie les deux extrémités intérieures de la cerce du plan en élévation, ce retour d'équerre part d'où les perpendiculaires coupent le dessus du cintre en élévation; pour tracer le calibre rallongé, on repère au compas, de la ligne droite qui est au-dessous de la cerce en élevation et sur chaque retour d'équerre de perpendiculaire, la distance qu'il y a de la ligne droite du cintre en plan à sa courbe et ceci à chaque perpendiculaire. En reliant au compas et avec une règle flexible tous les repères d'écartement de cintre, on obtient le calibre rallongé, sur lequel on porte toutes les lignes de rayonnement.

Façon de la cerce. — On dégauchit un des plats de la pièce de bois. Cette partie dégauchie sera la face du creux de la cerce; on dresse un champ d'équerre; ce champ nous représentera la ligne droite qui relie les deux extrémités

intérieures de la cerce en élévation ; avec le calibre rallongé
on trace le cintre en plan sur les deux champs de la pièce
de bois, en tenant compte que les deux cintres se raccordent
suivant le biais que produit la perpendiculaire par rapport
à la ligne droite qui est dessous le cintre en élévation. Notre
tracé de cintre en plan étant terminé, on débillarde d'abord
la partie creuse bien régulièrement, suivant le tracé et bien
droit en travers suivant le biais de la coupe en élévation ; la
figure 98 représente la cerce débillardée sur la face creuse
et un trusquin à crochet. On trace au trusquin l'épaisseur
de la cerce, ce qui est plus juste que de suivre le tracé du

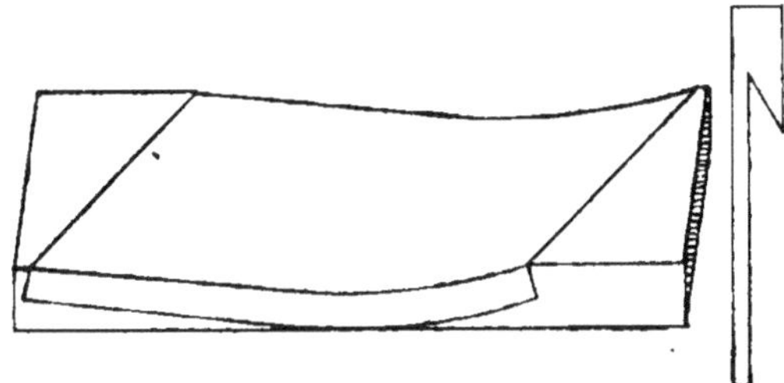

Fig. 98. — Cerce débillardée sur la face creuse
et trusquin à crochet.

calibre ; pour trusquiner la cerce, on ne peut se servir d'un
trusquin ordinaire car, en raison du gauche des champs du
bois, la pointe ne serait pas assez longue pour marquer partout. On façonne dans une planche une sorte de crochet qui
nous servira à tracer l'épaisseur de la cerce, la cerce étant
d'épaisseur ; avec le calibre rallongé on relève sur les plats
et champs de la pièce de bois toutes les lignes de projections ;
puis on prend au compas les distances du cintre en élévation à la ligne A B, sur les retours de projections ; ces distances se rapportent sur les mêmes lignes marquées sur
la pièce de bois ; on se guide pour les rapporter sur le champ
de la pièce de bois qui a été dressé d'équerre. Toutes les dis-

tances du cintre sont relevées des deux côtés de la pièce de
bois suivant les projections du parement et contre-parement
du plan ; en reliant les distances de cintre on obtient le tracé
définitif de la cerce (fig. 99). Il est à remarquer que les
tracés de cintre en élévation portés sur les deux faces du
bois ne se correspondent pas ; cela provient du gauche que
la double courbure leur fait prendre vis-à-vis l'un de l'autre.
On scie le cintre à la scie à chantourner pour pouvoir suivre
le gauche. Pour ceci on ne pourrait pas voir les traits des

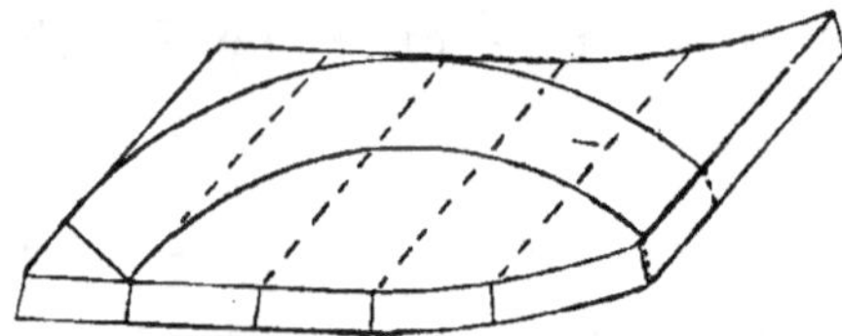

Fig. 99. — Aperçu approximatif du tracé définitif d'une cerce.

deux faces à la fois ; on se fait aider par un camarade. Les
champs des cintres à double courbure doivent être d'équerre
suivant la perpendiculaire du cintre en élévation et le rayonnement du cintre en plan. Dans la façon des courbes de
cintre on fait bien attention que les courbes ne jarettent pas,
c'est-à-dire ne fasse pas de brisures ; il faut que la ligne de
cintre soit bien régulière à l'œil, qu'elle ne fasse pas d'à-
coup au toucher. Grâce à l'attention on arrive à faire convenablement ce genre de travail. Le tracé de cerce figuré peut
guider pour tracer n'importe quel cintre à double courbure.

Pour les moulures à grand cadre de la partie cintrée en
élévation, une remarque s'impose. Les joints ou coupes des
moulures à grand cadre qui se trouvent dans les courbes ne
peuvent pas se visser ; il s'assemblent à enfourchement et se
collent. Pour vérifier les joints de ces moulures et les coller,
on embrève les moulures cintrées à grand cadre sur la partie
du châssis ou elles doivent s'assembler. On profite de ce que

le grand cadre est à sa place pour tracer sur les arasements extrêmes du chassis. Les raccords et les angles des parties courbes avec les parties droites se tracent toujours sur plan.

Pour terminer la menuiserie, nous allons expliquer le tracé du pied de tréteau avec la même pente sur les deux faces extérieures, cela pourra être utile pour trouver par le même procédé les coupes de trémie et d'arêtier.

Tracé du pied de tréteau. — Pour tracer le pied de tréteau (fig. 100), il faut s'y prendre comme pour tracer le cintre en plan et en élévation : il faut faire la projection du

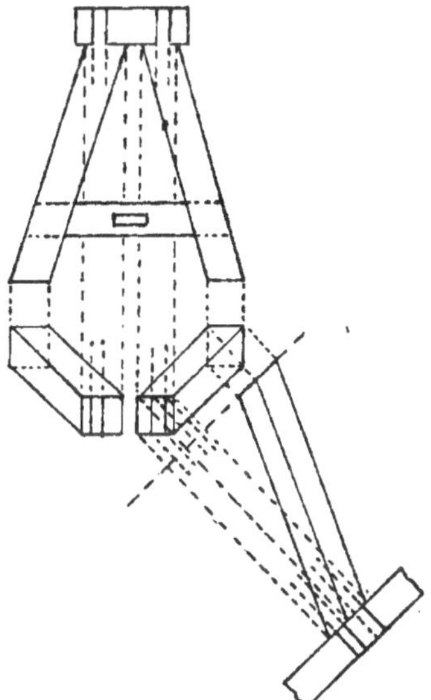

Fig. 100. — Tracé du pied de tréteau.

pied suivant l'inclinaison d'écartement vue de face du tréteau sur cette projection on établit le pied de tréteau suivant l'autre inclinaison ou écartement en largeur ; en rabattant ce dernier établissement suivant la hauteur du tréteau, on aura la vraie grandeur et les coupes exactes du pied de tréteau, ce dernier tracé est dans l'espèce le calibre ou pied rallongé, il nous servira à tracer les trois autres pieds du tréteau qui sont exactement pareils ; les diverses projections sont toutes perpendiculaires à leur plan respectif. On pourrait faire le tenon du pied suivant le fil du bois, mais comme le tenon du pied de tréteau ne supporte que peu de fatigue puisque son rôle n'est que de maintenir l'écartement du pied et de fixer le dessus, il est plus pratique de l'avoir disposé comme il est, il évite de la difficulté pour la façon des mortaises et pour le montage du tréteau ; pour les traverses et leurs assemblages, nous ne les projectons pas sur la figure pour ne pas embrouiller la projection du pied : leur tracé est simple, leur coupe de hauteur est celle de l'écartement du pied ; cette coupe est retournée d'équerre horizontalement.

La menuiserie comprend aussi les devantures, les lambris, les armoires et placards et quantité d'autres travaux, qui sont un assemblage de châssis, soit à grand cadre, à petit cadre ou à glace, c'est-à-dire tout unis, parfois alternés, se combinant ensemble pour faire l'ouvrage entier dans un style déterminé. Le dessin et la combinaison de beaucoup de ces travaux sont du domaine de l'architecte et du dessinateur ; nous n'en parlerons pas, laissant ce soin à des livres plus étendus. La façon de ces autres menuiseries correspond avec plus ou moins de changements et combinaisons avec les différentes façons des ouvrages expliqués et ces derniers pourront servir d'exemples et guider pour tous les travaux qui peuvent se présenter.

TROISIÈME PARTIE

CHAPITRE V

ESCALIERS EN BOIS

Dans presque tous les ateliers de menuiserie, on s'occupe des escaliers. Nous allons en examiner plusieurs genres dont l'étude servira utilement pour la confection de la plupart des escaliers, mais auparavant nous allons étudier le tracé d'une échelle; l'échelle est en somme un escalier mobile.

Echelle à montants divergents. — Voici la manière de tracer sans faire de plan les échelons de l'échelle

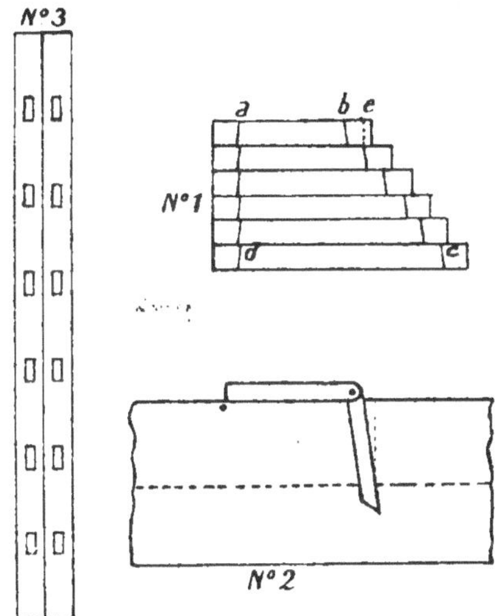

Fig. 101. — Tracé d'une échelle à montants divergents.

(fig. 101). On pose les échelons à côté l'un de l'autre comme le représente le n° 1, tirons une ligne d'équerre d'un bout, en laissant la longueur voulue pour les tenons ; marquons au premier *a b* la largeur que nous voulons à l'échelle dans

le haut ; marquons au dernier *d c* la largeur que nous voulons
à l'échelle dans le bas ; tirons du point *c* au point *b* la ligne
oblique *c b* ; elle détermine la longueur de chaque échelon.
Tirons du point où la ligne oblique a coupé le dessus du deuxième échelon une ligne d'équerre *e*, divisons la distance du
point *e* au point *b* en deux parties égales ; une de ces deux
parties est la pente que les limons de l'échelle auront dans la
hauteur d'une marche. Voyons le n° 2, il représente un bout
de planche, sur la rive de cette planche reportons la moitié
de la distance du point *b* au point *e*, puis abaissons deux perpendiculaires ; portons sur ces deux lignes à partir de la rive
de la planche, la distance du dessus d'un échelon au-dessus
du suivant ; où cette distance aura coupé la première ligne,
tirons une ligne droite qui aboutira à la deuxième ligne sur
la rive. Cette ligne réglera la fausse équerre qui nous servira
pour tracer les arasements des échelons et la pente des mortaises sur les montants. Pour le tracé des montants n° 3, si
on n'a pas de mesure pour la distance des échelons, on met
ordinairement 28 centimètres de dessus en dessus d'échelon.

Escaliers. — Avant toute chose, il faut en faire le plan
grandeur naturelle. Pour ceci, nous relevons bien exactement sur un plancher ou sur une planche à dessiner que l'on
fabrique avec des lames de parquet fixées sur des chevrons,
les mesures et inclinaisons des murs de la cage, c'est-à-dire
l'emplacement destiné à l'escalier ; cette opération est très
importante. Pour relever exactement les inclinaisons des
murs on se sert de calibre. Comme le calibre serait parfois
trop grand pour être transporté d'une seule pièce, voici une
deuxième méthode : On fait se rejoindre dans l'angle des
murs deux règles suivant le faux carrément de la cage, on
pose une troisième règle en écharpe sur les deux premières ;
sur ces règles ainsi placées on fait des points de repère
qui permettent de retrouver facilement le même faux carré-

ment. Le pourtour de l'escalier tracé, on rapporte la ligne de départ qui est le devant de la contre-marche de la marche de départ ou d'appui, et la ligne d'arrivée qui est le devant de la poutre où vient s'appuyer le haut de l'escalier et qui est aussi le devant de la contre-marche de la marche palière. Mais comme la poutre où doit s'appuyer l'escalier est rarement d'un bon bois et de façon irréprochable, on rapporte à la ligne d'arrivée 1 centimètre ou 15 millimètres en dedans de notre espace pour mettre une contre-marche en applique sur la poutre afin de cacher les défauts de cette dernière. On trace alors la largeur d'escalier, sa ligne de giron qui est l'axe de l'escalier et aussi son développement ; sur cette ligne on fait la division d'égale largeur des marches. Sur le plan on porte aussi les épaisseurs de limons ou crémaillères ; le ravancement ou nez des marches ; l'épaisseur des contre-marches et le ravancement des marches et contre-marches dans les limons. Pour établir le plan d'élévation de l'escalier, on porte sa hauteur d'étage, puis on cherche la hauteur et largeur d'emmarchement la plus convenable pour que les marches soient bien praticables ; ce calcul doit se faire avant de faire le plan par terre pour n'avoir pas à retoucher à ce dernier. Pour que les marches soient bien praticables, il faut toujours que la largeur et la hauteur d'une marche réunies fassent environ 50 centimètres ; l'avancement du nez de la marche n'est pas compris dans ce chiffre. Voici trois dimensions de marches dont il ne faut guère s'éloigner pour avoir un escalier facile à monter et à descendre :

DIMENSIONS de marches praticables	LARGEUR	HAUTEUR
1re marche	32 centimètres	18 centimètres
2e marche	34 —	16 —
3e marche	36 —	14 —

Dans cette division de marches, il faut toutefois faire attention qu'il y ait une échappée suffisante entre les deux volées de l'escalier. L'échappée est la distance du dessus de la marche du bas et le dessous de la marche de la volée supérieure qui arrive perpendiculairement au-dessus ; cette distance doit être assez grande pour pouvoir monter ou descendre facilement sans toucher au-dessous de l'escalier supérieur, et ceci avec tous les objets qu'on passe habituellement dans les escaliers.

Escalier droit à retour d'équerre avec palier de repos et rampe. — Cet escalier, les figures 102 et 103 nous en représentent le plan par terre, les plans d'élévation et les détails pour les différents tracés et pour la façon. Pour établir le plan par terre et les plans d'élévation, notre hauteur d'étage est supposée de 3 m. 06, cette hauteur on la porte sur une tringle droite et rabotée (n° 2) ; désire-t-on avoir 18 marches? On divise donc 3 m. 06 par 18 ce qui donne exactement 17 centimètres de hauteur de marche. Pour trouver la largeur de marche afin d'établir les plans, on trace les lignes extérieures de l'escalier, ses limons et ses piliers, sa ligne de départ et sa ligne d'arrivée qui représentent les devants de la première et dernière contre-marches, ensuite on porte son palier de milieu d'étage, la 9e et la 10e contre-marches qui limitent le palier sont logées de leur épaisseur sur le derrière du pilier (n° 3), laissant assez de champ pour encastrer le nez des marches sans qu'il vienne toucher au bord, ce qui trancherait le pilier ; ces 9e et 10e contre-marches sont d'équerre suivant leur limon, puis on porte sur une tringle le développement de la partie basse de l'escalier, soit 2 m. 72 ; pour ce développement nous avons la largeur de 9 marches, il ne faut le diviser que par 8 car la 9e marche c'est le palier qui la forme ; donc 2 m. 72 divisé par 8 nous donne 0 m. 34 de largeur pour chaque marche.

Pour la partie haute de l'escalier, nous procédons de même ;
de la 10ᵉ contre-marche à la poutre ou enchevêture où doit
s'appuyer l'escalier, nous avons 2 m. 73 de développement,
nous ne portons que 2 m. 72 ; on réserve 1 centimètre pour
mettre une applique sur la poutre, le devant de cette applique
représentera la 18ᵉ contre-marche ; dans les 2 m. 72 de
développement nous avons la largeur de 9 marches, mais de
même que pour la partie basse de l'escalier, la 9ᵉ ou 18ᵉ
marche c'est le palier d'étage qui la forme, nous n'avons à

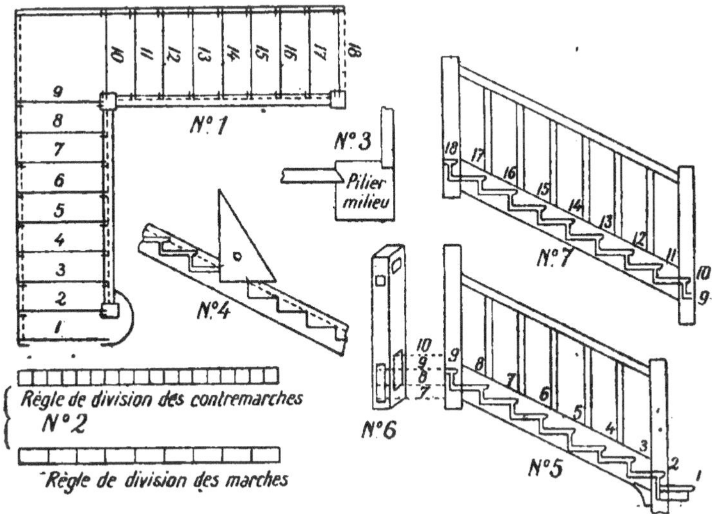

Fig. 102. — Escalier droit à retour d'équerre.

diviser les 2 m. 72 de développement que pour 8 marches ce
qui nous donne aussi une largeur de 0 m. 34 pour chaque
marche. Dans cet escalier, les deux développements des
parties rampantes se sont trouvés identiques, ceci ne se produit pas toujours ; il arrive qu'à la division de leur développement respectif, les marches de la partie basse ne sont pas
de même largeur que les marches de la partie haute. Lorsqu'il y a peu de différence, on peut au besoin laisser les
choses ainsi ; s'il y a beaucoup de différence de largeur, si on

ne peut pas changer la ligne de départ ou la ligne d'arrivée de l'escalier pour égaliser les largeurs alors on égalise, à une idée près, les largeurs par un léger changement du palier de repos, qu'on obtient en obliquant sensiblement le devant des marches les plus près de ce palier. Dans ce genre d'escalier, le palier de repos dessert parfois une porte qui fixe la hauteur du palier; cette hauteur gêne très souvent pour la division des marches, en outre de la division de largeur dont il est parlé plus haut, la division de hauteur ne s'accorde pas avec le palier de repos. Dans ce cas on cherche à compenser la différence en augmentant ou en diminuant les dimensions des marches, pour gagner une marche de plus ou de moins à la partie qui le demande tout en veillant à faire le moins d'écart possible dans les mesures des marches des deux parties rampantes de l'escalier. Pour l'escalier qui nous occupe, la division des deux développements nous donne 34 centimètres de largeur de marche.

En additionnant nos mesures de largeur et de hauteur de marche, nous obtenons $34 + 17 = 51$ centimètres; cet emmarchement se rapporte au tableau des dimensions de marches praticables; nous allons nous en servir pour établir le plan par terre (n° 1) et les plans d'élévation (n° 5, 6, 7). Le n° 4 de la figure 102 nous représente la manière de tracer les marches. Sur le limon on trace une ligne parallèle au bord du haut, cette ligne sera le devant de l'emmarchement et sera distante de l'angle du limon, de façon qu'une fois le nez de la marche rapporté sur le devant de l'emmarchement, il reste environ 25 millimètres de champ. Puis, avec une grande pièce carrée qu'on a soin de mettre exactement à l'angle de 90 degrés, c'est-à-dire bien d'équerre et sur laquelle on porte en partant de l'angle sur un des côtés d'équerre la hauteur de marche et en partant toujours de l'angle sur l'autre côté on relève la largeur de marche. Les traits portés sur la pièce carrée, on les met sur la ligne qu'on a tracée au limon. Puis on relève au crayon ou à la pointe sèche l'angle de la pièce carrée qui représente une marche avec une contre-marche. Et toujours sur la ligne et par la même opération, on tracera tous les angles de marche ; on peut en suivre facilement le tracé sur le dessin. Nous remarquons que les angles représentent le devant de la contre-marche et le dessus de la marche. Avec un gabari de dimension, on trace provisoirement au crayon le nez et l'épaisseur de la marche, ceci pour guider pour les assemblages et pour placer les boulons. Votre plan par terre et nos plans d'élévation finis, on débite les différentes pièces de bois nécessaires pour l'escalier, en tenant compte du surplus de longueur utile pour les assemblages, scellements, ravancement pour entailles et en observant qu'il faut aux marches et contre-marches 3 centimètres de plus de longueur que les mesures du plan. Ces 3 centimètres sont destinés à servir de compensation au cas où il se trouve des creux aux murs de la cage. Les marches et contre-marches ne sont coupées exactement de longueur qu'au moment de la pose de l'escalier. On corroye les différentes pièces de bois aux dimensions et forme des plans. Au premier limon pour éviter de la perte de bois, on rapporte un talon de l'épaisseur du limon, ce talon (nº 5) s'incruste dans un dérasement fait au limon, ce dérasement est pour éviter que le joint du talon ne vienne à rien dans le haut du joint, car il n'y aurait alors aucune solidité ; on donne la courbure au talon qu'on ne colle à plat joint qu'une fois le tracé définitif des marches et contre-marches achevé. Alors pour consolider le collage, on visse le talon sur le limon.

Pour le tracé de l'escalier, on relève sur chaque pièce de bois les arasements et assemblages et on lui trace la forme qu'elle a sur le plan ; on porte à chaque arasement un ravancement d'environ 1 centimètre, ce ravancement ou barbette s'encastre du côté de la mortaise, rendant invisible le joint, sans cette précaution malgré que les coupes s'ajustent bien au montage, au bout d'un certain temps, parfois très court, par suite du séchage du bois ou du travail de ce dernier, les coupes disjoignent et produisent un vilain effet. Le ravancement ou barbette pour qu'il soit plus facile à encastrer du côté de la coupe aiguë se coupe à l'équerre à partir de la base du ravancement. Lorsque la partie à encastrer a des moulures, on retourne aussi les moulures à l'équerre. La figure 103 représente des ravancements encastrés. Pour tracer ces encastrements, par exemple ceux d'une main courante, on coupe au ravancement. On applique la coupe obtenue à la place qu'elle doit occuper, on trace au crayon taillé fin le pourtour de la main courante. On entaille proprement et exactement au tracé et d'égale profondeur en se servant de la guimbarde et on est sûr que la main courante dont on coupe ensuite la partie aiguë à l'équerre vient s'ajuster exactement au trait d'arasement. Nous procédons pour tracer l'emmarchement des limons comme pour tracer les plans en élévation ; pour tracer les marches et contremarches, on présente celles-ci l'une après l'autre sur les limons en dessous des traits d'emmarchement, à la pointe sèche ou au crayon fin (ce dernier est préférable, car il ne laisse pas de rayure) on en trace le pourtour. On a bien soin de les numéroter à fur et mesure de leur tracé afin de pouvoir les replacer par la suite à leur place. Pour le tracé des crémaillères de contre le mur, il faut tenir compte de la position inverse qu'a la crémaillère sous le rapport du limon, et ce serait une faute de tracer la crémaillère comme le limon, elle ne pourrait pas servir. On laisse au talon du limon du bas 4 à 5 centimètres de plus long et au pilier de départ environ 15 centimètres, ces surplus de longueur sont pour pouvoir sceller convenablement le pied ou culée de l'escalier ; la marche de départ s'encastre d'environ 8 millimètres, dans le pilier et le limon, et ceci des deux côtés. Le retour de la contre-marche de départ s'encastre aussi. Dans le haut de l'escalier, on fait une encoche d'environ 2 centimètres de profondeur au pilier, cette encoche de la hauteur de la poutre ou enchevêture encastre cette dernière et, par le milieu de cette encoche on boulonne le pilier à l'enchevêture, ce qui maintient solidement l'escalier et l'empêche de descendre. La marche palière se met d'environ 15 centimètres de large, elle est rainée en dedans afin de recevoir le parquet. Pour entailler les marches, contre-marches et encastrements, on perce avec une mèche anglaise de grosseur voulue à laquelle on a mis un arrêt à douille pour percer juste à la profondeur désirée des trous de distance en distance. Ces trous faciliteront et guideront en profondeur l'entaillement au ciseau; on finit les entailles à la guimbarde. Pour maintenir les différents joints des limons aux piliers on se sert de boulons taraudés des deux bouts et à double écrous de chaque côté. Le taraudage de ces boulons est à différents pas de vis pour qu'en serrant un écrou celui de l'autre extrémité ne se dévisse pas. On place les boulons autant que possible dans les entailles des marches et contre-marches, pour que les mortaises qui logent les écrous soient cachées, le nº 8 (fig. 103); nous représente la manière de placer les mortaises ou chapelles recevant les écrous, ces dernières doivent être assez longues, assez larges et profondes pour qu'on puisse commencer à visser facilement les écrous avec les doigts, on donne le serrage aux écrous et on les bloque avec un burin et en tapant dans les angles du pourtour de l'écrou. Au pilier de départ on a souvent une partie du pilier recouverte par une plinthe, on en profite pour placer un boulon ordinaire traversant le pilier, la tête sera recouverte par la plinthe. Pour fixer les mains courantes aux piliers, on se sert de vis romaines ou de petits boulons, ces derniers valent mieux, on les choisit avec un écrou épais et un bon taraudage pouvant fournir un bon serrage ; l'inconvénient de la vis romaine provient de l'écrou qui est trop mince ne prenant pas assez du taraudage du boulon et par conséquent ne pouvant pas donner un serrage suffisant. Le n° 9 (figure 103), nous montre un boulon reliant la main courante au pilier. On maintient la tête du boulon au moyen d'une plaque en fer, logée dans l'encastrement du

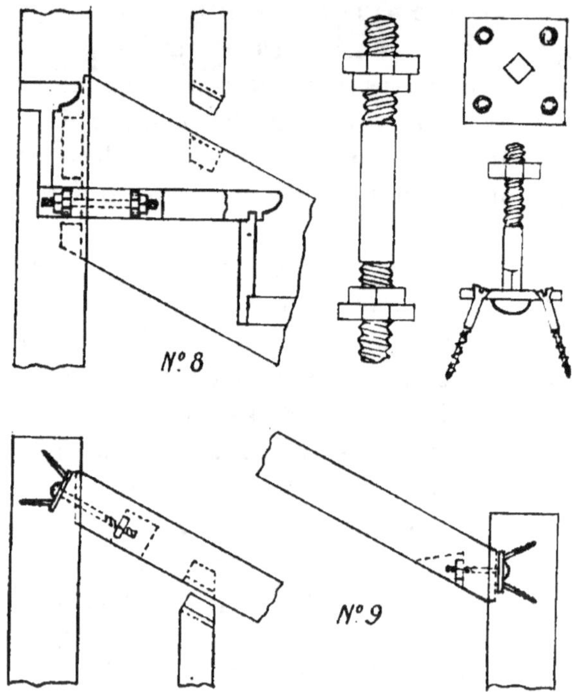

Fig. 103. — Détails d'escalier.

pilier. Cette plaque est fixée par quatre grandes vis qu'on place évasées les unes par rapport aux autres, pour qu'elles aient une résistance plus grande au tirage. L'écrou se loge dans la main courante. Le boulon se place en raison de la pente de différente manière, suivant qu'il se trouve placé en haut ou en bas de la main courante. Pour achever ce qui a trait aux boulons, il est à remarquer qu'il ne faut jamais placer le boulon qui relie le limon au pilier, en biais suivant l'arasement du limon. Placé ainsi, le boulon ne fait pas tirage et donne beaucoup de difficultés pour amener le limon à sa place au moment du montage définitif de l'escalier. Si on avait quelque difficulté à placer le boulon faute de largeur de marche, il est préférable de mettre un boulon ordinaire avec plaque, dans le genre de ceux des mains courantes, plutôt que de placer le boulon en biais suivant l'arasement du limon.

Montage de l'escalier. — On monte sur le limon du bas les balustres et main courante, puis on assemble les deux piliers qu'on boulonne à bloc, on a ainsi la partie inférieure de l'escalier ; cette partie on la dresse à la place qu'elle doit occuper dans la cage d'escalier, au moyen d'étançons on la consolide bien à son aplomb ; on monte alors sur le deuxième limon les balustres et main courante et on boulonne le pilier d'arrivée, et dans le bas de cette partie pour maintenir l'écartement entre le limon et la main courante, on cloue une tringle ; à l'aide de cordages et d'échelles on vient placer cette deuxième partie de rampe dans ses assemblages du pilier du milieu et l'encoche du pilier d'arrivée à son emplacement contre l'enchevêture ; on boulonne à bloc le tout ensemble ; on vérifie en projetant le plomb de la première, la dernière et d'une contre-marche du milieu des limons si l'ensemble est d'aplomb, on regarde si les différentes marches sont à leur hauteur et de niveau, puis on étrésillonne et étançonne solidement de manière que rien ne puisse bouger. Alors on fixe les crémaillères du mur, chaque marche et contre-marche bien au même niveau, aplomb et avancement que celles des limons qui leurs correspondent ; en commençant du bas, on ajuste et on fixe chaque marche et contre-marche et on finit l'escalier par la pose de la marche palière.

Nous allons parler de la marche de départ, la seule qui offre quelques difficultés de façon ; cette marche est de même largeur que les autres sur la ligne de développement, seulement, elle se continue en arrondi en dehors de l'escalier et empiète sur le côté du limon (fig. 104). Pour la façon du dessus de la marche, on colle à plat joint la partie qui se développe sur le côté de l'escalier, on a ensuite qu'à chantourner suivant la courbure du plan et profiler le nez de la marche et la rainure pour loger la contre-marche. Pour la contre-marche sous le rapport de l'arrondi on ne trouverait pas de bois assez épais pour la chantourner dans

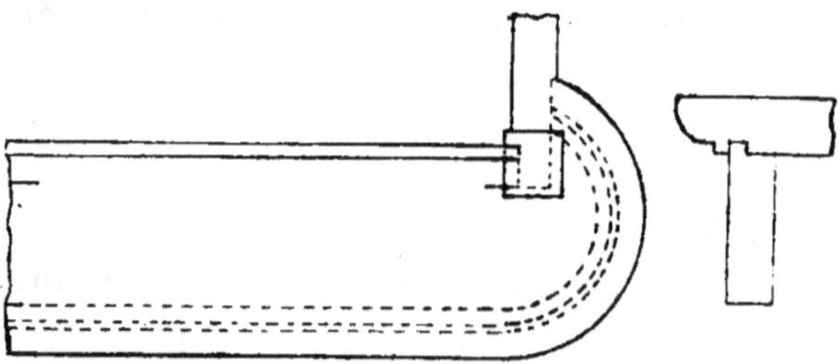

Fig. 104. — Marche de départ.

la masse ; on se sert de bois cintré à la vapeur à la courbe voulue ; seulement les usines qui font ce genre de travail ne sont pas nombreuses et on aurait trop de dérangements et de frais pour faire cintrer une seule contre-marche, aussi on cherche des combinaisons pour la façonner avec le bois dont on dispose ; nous allons voir deux manières pour la confectionner ; la première consiste à jointer coller, et pointer plusieurs morceaux de madriers dans leurs bouts dans les angles voulus pour pouvoir chantourner l'arrondi (fig. 105), tout en laissant la force nécessaire. Dans la deuxième façon de contre-marche, on fait un gabari de grandeur et de la forme du champ de la contre-marche. Pour que la contre-marche ait la force nécessaire à ce genre de travail il lui faut

1 centimètres d'épaisseur de champ ; on débite avec ce
gabari des cerceaux en bois de sapin, dont la hauteur doit
être du tiers de la hauteur de la contre-marche, on ajuste
ces cerceaux bout à bout suivant la forme du calibre ; on

Fig. 105. — Façon d'une contre-marche de départ.

fait trois rangs de cerceaux, mais en disposant les cerceaux
de façon à ce qu'ils s'entrecroisent, c'est-à-dire que les coupes
de deux rangs qui se joignent ne soient pas au même alignement ; on colle et cloue ces trois rangs de cerceaux, on
obtient la forme de la contre-marche (fig. 106). Cette forme

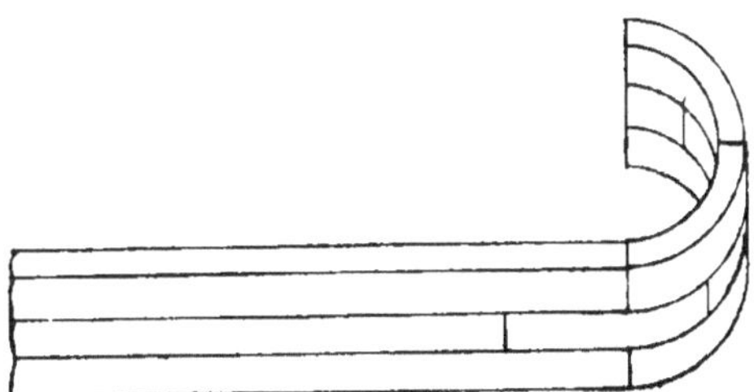

Fig. 106. — Façon d'une contre-marche de départ.

on la façonne convenablement sur la face extérieure, puis on
colle sur toute sa surface un feuillet de 5 millimètres d'épaisseur de même bois que l'escalier. Pour bien coller le feuillet
en applique sur le devant de la contre-marche, il est nécessaire de faire au préalable un encolage avec de la colle claire

sur le bois de sapin de la contre-marche, surtout dans la partie courbe où le bois est sensé en bois debout, disposé ainsi le bois absorbe beaucoup. Si on plaquait sans faire d'encolage, le bois dans l'arrondi ferait éponge et il serait probable que le collage ne tiendrait pas ; on fait chauffer le feuillet puis on passe de la colle sur l'encolage sec et sur le feuillet, on serre le collage en commençant de l'extrémité de la courbe, pour desserrer les presses on attend que la colle soit bien sèche. Façonnée de cette manière, on ne voit pas de joints et le bois du feuillet se trouve de fil sur tout le pourtour de la contre-marche, cette dernière a le même coup d'œil qu'une contre-marche cintrée à la vapeur. Ces contre-marches se fixent aux marches soit avec une languette bâtarde, soit avec des vis qui traversent la contre-marche pour venir la fixer dans le dessous de la marche. Il est à remarquer que dans les courbes de contre-marche où on colle un feuillet de 5 millimètres en applique, il ne faut pas que ces courbes aient moins de 20 centimètres de rayon pour que le feuillet de 5 millimètres puisse cintrer convenablement. Dans les courbes de plus faible rayon, il est préférable de façonner la contre-marche comme celle de la figure 105.

Escalier à deux retours ayant la forme d'un fer à cheval et à marches balancées. — Pour cet escalier, nous n'expliquerons que les changements dans le tracé et la façon qu'il peut y avoir d'avec l'escalier précédent. Notre hauteur d'étage est supposée 3 m. 23 et notre ligne de développement ou de giron du milieu de l'escalier de 6 m. 13 ; nous ne porterons que 6 m. 12 réservant 1 centimètre pour mettre une applique sur la poutre représentant la dernière contre-marche ; cette poutre qui a été posée quand les murs du bâtiment ont été à son niveau a servi à échafauder ; elle a reçu des coups et son bois n'est ordinairement pas de premier choix ; l'applique sera pour cacher ses défauts.

On porte sur deux tringles droites et rabotées sur l'une la hauteur d'étage, sur l'autre la longueur de développement. On désire avoir 19 marches ; nous allons diviser au compas les mesures portées sur les tringles pour savoir si en mettant 19 marches l'emmarchement sera dans des dimensions rendant faciles la montée et la descente de l'escalier. Notre hauteur d'étage 3 m. 23 divisée par 19 nous donne 0 m.17

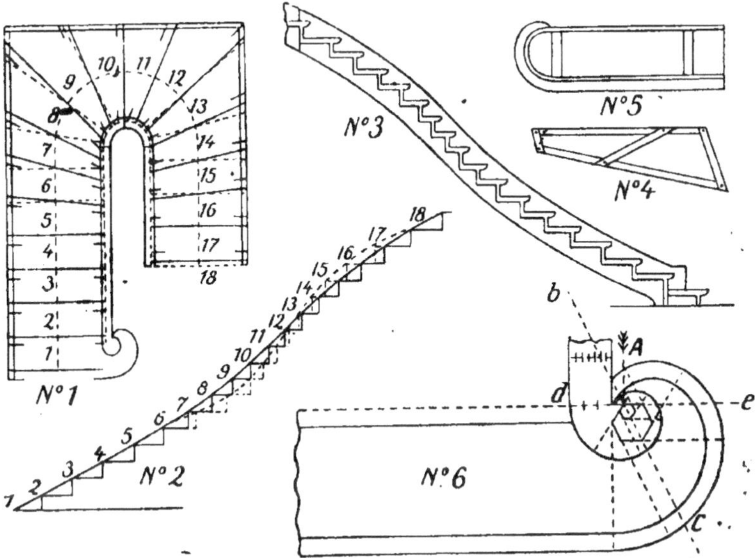

Fig. 107. — Escalier ayant la forme d'un fer à cheval.

comme hauteur de marche. Le développement 6 m. 12 ne se divise pas par 19 comme il y aurait lieu de croire ; notre ligne de développement ou ligne de giron part du devant de la première contre-marche pour aboutir au devant de la dernière contre-marche qui est dans le cas la poutre où doit s'appuyer l'escalier. Cette dernière contre-marche sert pour la marche dite palière : elle se trouve en dehors du développement, nous ne diviserons donc les 6 m. 12 que pour les

18 marches qui sont sur la ligne de giron, nous obtenons 0 m. 34 de largeur de marche ; nous additionnons la largeur avec la hauteur de marche, ce qui donne 51 centimètres, cette mesure se rapporte à notre tableau de marches facilement praticables, elle nous servira pour l'escalier (fig. 107). Cet escalier a ses marches balancées suivant des rayonnements cherchés de manière à obtenir une symétrie régulière du nez des marches et permettant au limon d'éviter dans les courbes les à-coups ou jarrets. La largeur de marche obtenue, soit 0 m. 34, n'est pareille pour toutes les marches que sur la ligne de giron ou développement. Pour avoir la dimension exacte de la surface des marches, il faut qu'on en cherche le balancement. Le n° 2, figure 107, représente une méthode pratique donnant un balancement très régulier. D'abord sur le plan parterre on ne balance que les marches se trouvant dans le tournant ou courbe du limon et suivant l'axe de ce dernier ; de ce balancement qui est porté en pointillé sur le plan, on fait l'élévation du tracé du limon extérieur ; on s'aperçoit que le baulancement ainsi obtenu fait deux jarrets au milieu de l'élévation, pour corriger ces défauts et obtenir qu'il soit régulier des extrémités où on veut arrêter le balancement des marches, on fait passer au-dessus et au-dessous des jarrets une ligne courbe régulière adoucissant ces derniers. Cette ligne se trace soit au compas à poupée, soit avec une grande tringle munie d'un clou à chaque extrémité ; puis on amène les extrémités de la crémaillère précédente jusqu'à notre nouvelle courbe, on a ainsi un balancement de marches irréprochable.

Pour établir le plan parterre, on portera du côté du limon les largeurs de marche, de ces points on tracera des droites passant par la division de la ligne de giron, on aura ainsi la dimension des marches, moins la largeur nécessaire pour le nez de celles-ci. Cette largeur, on la marque sur le plan ; le n° 3 représente l'élévation totale du limon. Pour débiter et façonner les marches balancées, on fait, avec des tringles clouées entre elles, un gabari exact de chaque marche (n° 4). Ce gabari sert pour le débitage et pour tracer définitivement la marche. Pour terminer les explications sur les marches, nous allons voir le tracé et la façon de la première ou marche sur échantignolles. Cette marche n'est pas construite comme la marche de l'escalier précédent, celle-ci sert de socle ou butée au limon, on prépare cette marche en raison de la fatigue qu'elle doit supporter ; on doit reposer le limon qui est encastré dans le dessus de la marche, on double le dessous de celle-ci d'une fourrure ou échantignolle de la hauteur de la contre-marche. Cette marche (n° 5) est terminée par une volute enveloppant le côté extérieur du limon ; nous allons décrire la manière de tracer cette volute qui se raccorde avec une deuxième terminant la partie inférieure du limon. D'ailleurs c'est ce dernier qui sert de base pour les tracer.

Tracé de la volute n° 6, figure 107. — Nous, avons fait le tracé en grand pour mieux en suivre l'opération. En partant du devant de la deuxième contre-marche on établit un carré de l'épaisseur du limon, on divise le haut du carré en sept parties égales, on porte deux de ces parties sur la ligne *d e*, ou ligne du bas du carré, en dehors du limon ; on a ainsi le point A, qui nous servira de point de départ pour tracer les hexagones qui nous guideront pour tracer les volutes ; la ligne *b c*, qui passe par le point A, s'obtient en tirant une droite passant sur deux divisions intérieures du haut du carré et la deuxième division extérieure ou point A ; sur cette ligne *b c*, qui joue le rôle le plus important du tracé, se trouveront les angles opposés des hexagones et le centre de ces derniers. Pour établir nos hexagones, on trace des cercles, le diamètre du cercle pour le petit hexagone qui sert à tracer la volute du limon est du tiers de l'épaisseur du limon, il est donc facile de tracer ce cercle en rapportant le diamètre trouvé sur la ligne b c, à partir du point A ; pour établir l'hexagone, on divise la circonférence en six parties égales qu'on relie par des droites. Le diamètre du cercle servant en même temps à établir l'hexagone et à tracer la volute de la marche de départ est le tiers de la largeur de cette marche. Pour tracer ce second hexagone, qui a aussi son sommet au point A, on procède comme pour le premier.

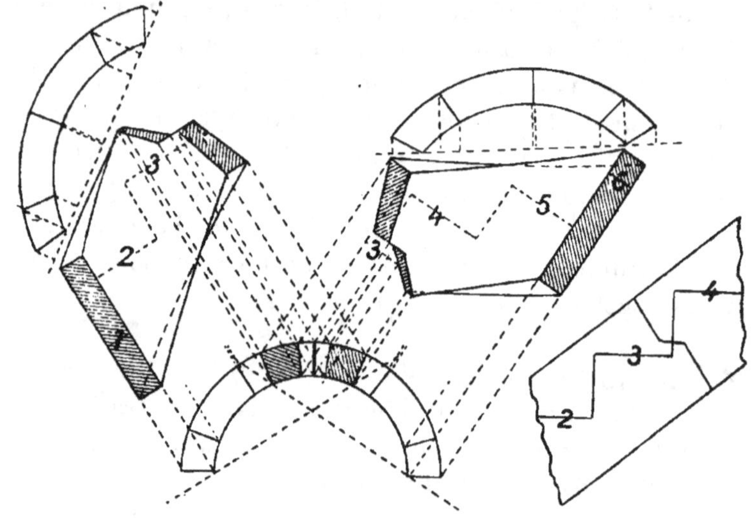

Fig. 108. — Tracé des courbes et du joint à crochet des limons.

Pour tracer les volutes, on peut aisément en suivre les opérations sur le tracé de la marche ; ce sont les prolongements des droites des hexagones qui sont les points de raccords et les angles qui sont les axes des arcs constituant la volute.

Nous allons examiner les limons dont le tracé et la façon diffèrent complètement de l'escalier précédent. Dans l'escalier qui nous occupe deux limons droits sont reliés par deux limons courbes, mais les différentes parties s'assemblent une au bout de l'autre à joint à crochet, ne faisant une fois montées qu'un seul limon avec une ligne ininterrompue ; les crochets ainsi que les courbes et dévers de certaines parties de ce limon demandent un tracé spécial pour leurs exécutions ; la figure 108 nous représente les diverses opérations du tracé de la partie courbe d'un escalier et d'un joint à crochet, ce tracé pourra servir de modèle pour tous les escaliers à limons courbes ; on peut remarquer que la façon est la même et le tracé est à quelque chose près identique au tracé des parties cintrées en plan et en élévation que nous avons étudié dans la menuiserie se rapportant à ce genre de travail ; le changement qu'il y a d'avec le cintre en plan et en élévation est qu'on trace sur les champs de la pièce de bois, en surplus des lignes de crochets et contre-marches qui nous représentent les lignes de rayonnement du plan parterre, les lignes de dessus de marche. On trace la courbe en plan avec le calibre rallongé, on débillarde cette courbe sur les deux plats, puis on relève en parement et en contre-parement les traits de crochets et les traits de contre-marches et de marches, ces derniers forment crémaillère en se croisant. En se guidant à chaque angle saillant de la crémaillère de chaque parement avec le compas on pointe la largeur du limon suivant le plan représentant le limon en élévation, ces points on les relient entre-eux ; ils nous donnent la largeur et le rampant du limon des deux côtés du bois. Les traits du rampant ne se disent pas d'équerre, cela provient du balancement ou du rayonnement des contre-marches. Pour tirer le limon de largeur, on suit à la scie à chantourner les traits du rampant en laissant toutefois 1 millimètre de bois pour le corroyage ; en rattrapant les traits nous avons exactement le gauche ou dévers voulu, c'est-à-dire que les champs du limon ne sont d'équerre que suivant le balancement des contre-marches qui représente ici, comme nous le disons plus haut, le rayonnement du cintre en plan. Dans ce tracé en élévation des limons, pour ne pas surcharger le plan, on ne projette que les traits de coupes ou crochets, les traits du devant des contre-marches et le dessus des marches, et pour n'avoir pas à chercher ce que représente les différents traits de l'élévation au moment de tracer les limons, on projette par exemple les traits des crochets au crayon noir, les traits des contre-marches au crayon bleu et les traits des marches au crayon rouge ; on relève sur les pièces de bois avec les mêmes crayons qui ont servi à tracer chaque chose ce qui facilite l'exécution du travail surtout pour un débutant ; pour ne pas se tromper dans la façon des crochets, on ne trace leurs coupes que lorsque les limons sont débillardés de largeur ; pour scier les crochets, comme ils ont du gauche dans leur hauteur, on se sert d'une scie à lame étroite d'environ 2 centimètres de large, qui pourra suivre ce dévers. On se fait aider par un camarade afin de suivre exactement les traits des deux côtés du limon. La volute du bas du limon se colle et se visse sur le limon, pour le vissage on a soin d'enterrer la tête de la vis, on bouche le trou laissé par la mèche avec des bouchons de même nuance de bois et se raccordant avec le fil du bois du limon.

Escalier à crémaillères. — Les deux escaliers qui précèdent sont des escaliers à limons, c'est-à-dire que les marches et contre-marches sont encastrées dans des entailles faites dans la partie intérieure d'une pièce de bois qu'on nomme limon. Dans l'escalier qui nous occupe, les marches, au lieu d'être logées dans des entailles, reposent sur deux crémaillères, d'où vient le nom d'escalier à crémaillères ; le nez de la marche est profilé par bout et saillit du côté du vide ; quand le nez de la marche n'est mouluré ou profilé que d'un bout on dit que l'escalier est à demi-onglet ; quand l'escalier est au milieu d'un espace qui laisse voir les deux crémaillères, le nez des marches est profilé et fait saillie des deux bouts, l'escalier est dit d'onglet. Ce genre d'escalier se fait droit ou courbe ; il se trace et façonne comme l'escalier à limon, la seule différence provient de la disposition des marches. La figure 109 représente une partie droite de cré-

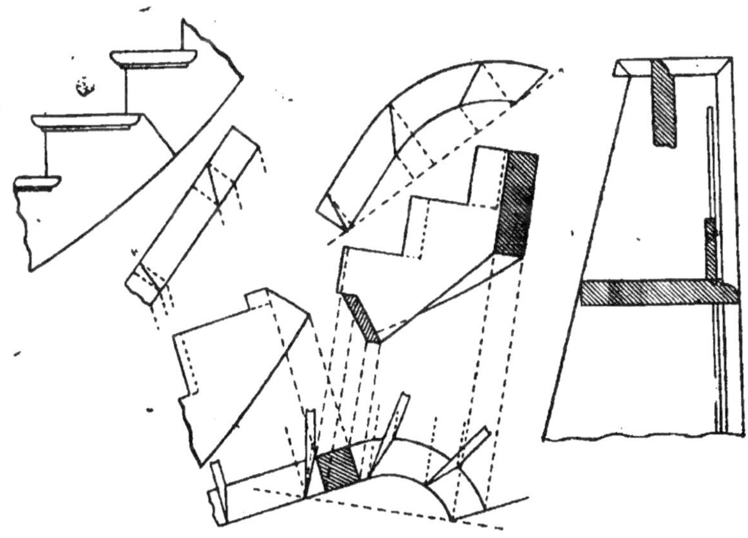

Fig. 109. — Tracés et détails de crémaillère.

maillère assemblée avec une partie courbe ; cet assemblage est à crochet, son traçage diffère du joint de l'escalier dit à fer à cheval en ce sens que le joint au lieu d'avoir deux surfaces de contact n'en a qu'une ; la figure 109 représente aussi des détails d'emmarchement.

Plinthes d'escalier. — Pour débiter le bois nécessaire aux plinthes et afin de faire le moins de perte possible, on trace sur le mur de la cage et suivant le rampant de l'escalier la hauteur de plinthe ; on coupe les morceaux de plinthe suivant le tracé du mur, mais en leur laissant 2 centimètres plus long et 2 centimètres plus large pour l'ajustage. En commençant par le bas de l'escalier, on ajuste tous les morceaux l'un sur l'autre suivant figure 110. Les joints des morceaux se recouvrent par une coupe oblique. Tous les morceaux de la plinthe étant ajustés l'un sur l'autre et en place, on les trace de hauteur.

Pour les tracer suivant le rampant de l'escalier, on cloue

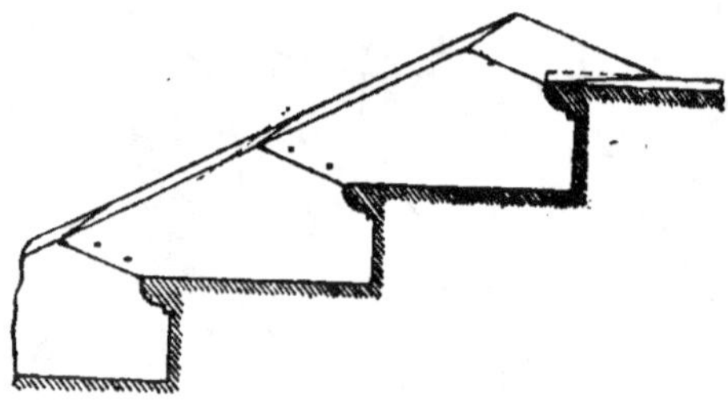

Fig. 110. — Ajustage des différents morceaux d'une plinthe.

une tringle sur le nez des marches et à joindre la plinthe; on regarde à l'œil si la tringle ne fait pas de jarret suivant le rampant, puis tout le long de la plinthe en se guidant sur la tringle, on tablette au compas la hauteur de la plinthe, qui doit être à l'aplomb du nez des marches de la hauteur des

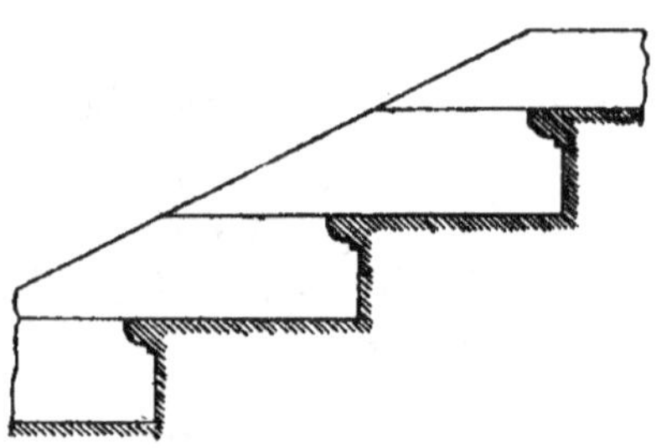

Fig. 111. — Ajustage des différents morceaux d'une plinthe.

plinthes des paliers ou corridors faisant suite à l'escalier. Pour les plinthes en chêne poli, pour ne pas découper le bois, on fait les coupes à hauteur et suivant le niveau des marches (fig. 111), les joints parallèles au fil du bois; une fois les différents morceaux tracés et débillardés à hauteur de plinthe suivant le rampant de l'escalier, on les colle et on les cloue l'un sur l'autre en les remettant en place. Pour ne pas les changer d'emplacement, on numérote les morceaux avant de les déplacer pour le débillardage. Ici s'impose une remarque : les morceaux de plinthe qu'on n'a pas eu le temps de fixer avant la fin de la journée, il est prudent de les mettre pour passer la nuit l'un sur l'autre sous presse ou sous le valet d'établi pour les empêcher de gondoler, ces morceaux étant coupés de petite longueur et étant assez larges, s'ils n'étaient maintenus, sous l'effet de la fraîcheur de la nuit, ils se bomberaient du côté du cœur du bois ou se tordraient pour la plupart, surtout dans le bois nerveux et

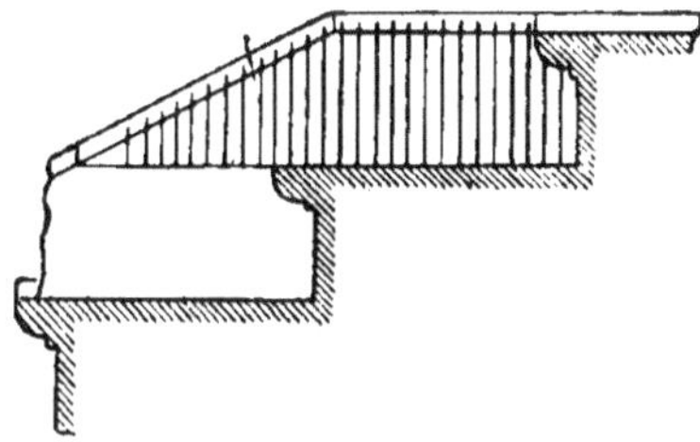

Fig. 112. — Morceau de plinthe haché de traits de scie
pour permettre de le cintrer.

ne seraient plus utilisables. Pour décorer les plinthes, on leur rapporte en applique des moulures sur leur champ de dessus. Quand les cages d'escaliers sont courbes, il faut que la plinthe suive cette courbure ; quand la courbure est peu prononcée, on arrive parfois à faire courber la plinthe en la fixant. Lorsque la courbe est prononcée, pour faire ployer la plinthe on la scie partiellement de distance en distance sur le plat du côté du mur, les traits de scie suivant l'aplomb de la contre-marche (fig. 112), et plus ou moins rapprochés selon la nécessité ; ces traits de scie en diminuant la force de résistance du bois facilitent le cintrage de chaque morceau de plinthe. On cintre les moulures par le même procédé, seulement au lieu de faire les traits de scie sur la face qui est contre le mur, on hache la moulure du côté du profil.

Préparation et exposé du marquage des bois pour envoyer façonner aux machines.

— On peut complètement corroyer le bois aux machines, il en est ainsi pour tout le travail ordinaire ; pour le travail qui demande de la précision dans son ajustage, on dégauchit le bois sur une face et on établit un champ d'équerre à la varlope, du côté où doit être poussée la moulure ; le travail de la mise d'équerre est mieux fait à la main. Le prix de façon du travail à la dégauchisseuse est très réduit, le machiniste pour faire sortir sa journée ne passe pas le temps nécessaire pour corroyer exactement le bois ; le bois établi d'équerre est mis d'épaisseur et de largeur à la raboteuse. Sur le bois on trace toutes les mortaises et on retourne sur les deux champs celles qui traversent, comme celles des battants de persiennes, fiches et moutons de croisées, les mortaises haut et bas des battants de portes ; on ne trace les mortaises de la gorge de loup que du côté de l'embrèvement, celles du battant embrevé que du côté de la moulure (on ne trace les mortaises sur les bois étroits que d'un côté, la mèche de la mortaiseuse peut traverser le bois sans avoir besoin de le retourner) ; sur les battants des croisées on porte le trait d'arrêt du flottement pour le jet d'eau, sur ceux des portes les ravancements de rainures ou feuillures. Pour les tenons de traverses de même arasement on ne trace les arasements que sur le champ intérieur et qu'à une traverse ; cette traverse qu'on a soin de quadriller à la craie bleue dans les deux bouts pour la faire reconnaître servira de modèle au machiniste pour façonner les autres ; sur la traverse qui doit servir de modèle (fig. 113), on marque le nombre de traverses pareilles qu'on désire ; pour les traverses qui ont des mortaises on est obligé de tracer les mortaises et les arasements des tenons à chaque traverse, si les mortaises traversent on les retourne sur les deux champs. En établissant les jets d'eau, on désigne par D le côte droit et par G le côté gauche, il est nécessaire que le

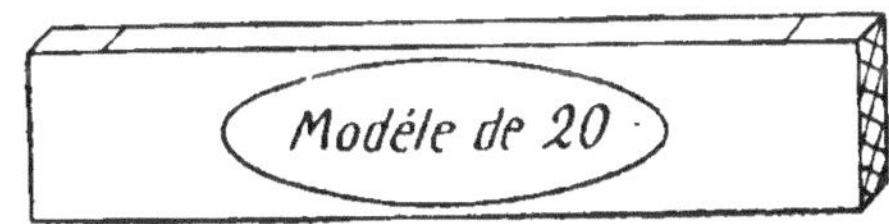

Fig. 113. — Modèle pour traverses.

tenon qui s'assemble dans le battant à gorge de loup soit ainsi que le flottage plus long que les autres. Pour faire araser les panneaux des portes, on réunit les panneaux de même grandeur par 4 ou 5, on trace les arasements sur celui de dessus ; pour le clouage des panneaux s'ils sont en bois dur on graisse les clous, autrement on a de la difficulté, même on risque de casser les panneaux en les déclouant. Pour les lames de persiennes, on fait un modèle de la forme et dimensions exactes d'une lame, sur ce modèle (fig. 114), on marque le nombre de lames qu'on désire ; on fait faire

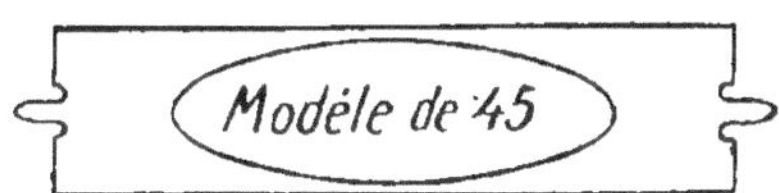

Fig. 114. — Modèle pour lames de persienne.

3 ou 4 lames de plus qu'il est nécessaire, ces dernières pour remplacer les lames qui auraient des défauts, au cas où il s'en trouverait.

On fait de même pour les petits bois, traverses de croisée, moulures à grand cadre, etc., surtout quand il faut un grand nombre de chaque chose semblable au modèle, il est rare s'il ne s'en trouve pas à mettre au rebut au retour des machines ; les traverses de surplus on les met dans les plus grandes longueurs, car en les retaillant elles peuvent servir pour les plus courtes. Le machiniste ne fait pas les entailles aux battants de persienne, on les fait avec l'outil à entailles, avant d'envoyer les battants aux machines.

En surplus du traçage de mortaises et arasement de tenons qui se porte à la pointe sèche, on trace à même sur le bois, en parement, avec de la craie de couleur, en bleu par exemple, pour que cela soit bien voyant et tombe immédiatement à la vue du machiniste, toutes les indications utiles pour le travail à façonner. La figure 115 nous représente le marquage pour les assemblages d'une croisée.

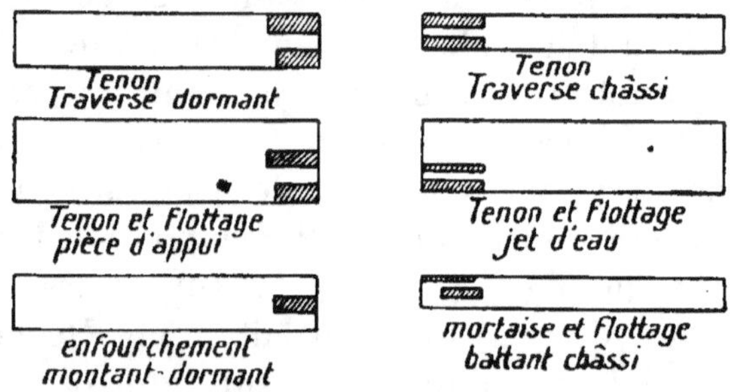

Fig. 115. — Marquage à la craie des assemblages d'une croisée.

Ce marquage se fait sur le champ intérieur des traverses et sur les deux champs pour les enfourchements et mortaises des montants et battants. La figure 116 représente de face le marquage à la craie de tous les bois d'une croisée ; on peut se rendre compte sur les deux figures 115 et 116, que le marquage représente les assemblages et profils qu'on désire au bois. Si on a un lot important de croisées on peut se dispenser de représenter les profils, dans ce cas le machiniste n'ayant que des croisées à façonner ne peut se tromper.

Le machiniste ne peut se guider sur le marquage que pour la direction des profils. Pour achever de le renseigner sur son travail, on joint au bois un calque en grandeur naturelle des profils et assemblages. La croisée ordinaire est un travail très familier au machiniste, les détails et renseignements qu'on lui a donnés lui suffisent pour l'exécuter ; il en sera de même pour tous les travaux qu'il fait presque journellement ; pour le travail dont il n'a pas l'habitude ou qui est compliqué, on joint au bois les plans de hauteur et de largeur

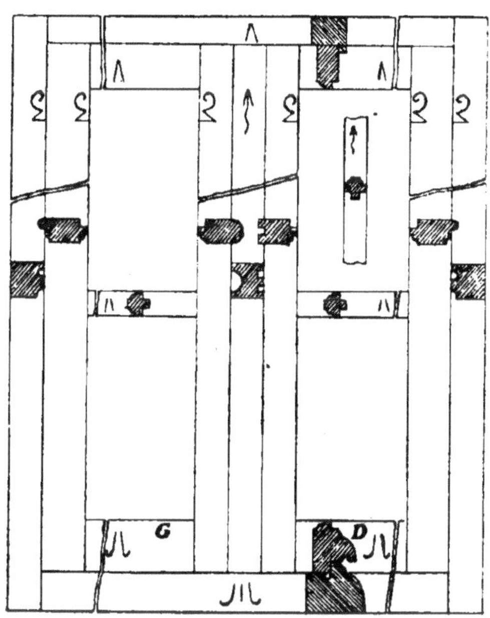

Fig. 116. — Etablissement et marquage des profils
du bois d'une croisée.

et un dessin de l'ensemble de l'ouvrage à façonner. Dans les croisées, quand le cadre dormant ne reçoit qu'un châssis, on marque sur les montants dormants et sur les battants, en surplus de l'établissement et du profil, la remarque : châssis, car le machiniste pourrait les prendre pour des montants et battants de croisée ordinaire et les façonner en conséquence. Pour les montants dormants de cadre, si l'on en a un grand nombre de même dimension, pour simplifier le traçage, on ne porte les largeurs de traverses et d'appuis et les ravancements de feuillures que sur un montant. Sur tous les autres on ne trace que l'arasement de l'enfourchement. Pour le même motif, quand on trace des montants de cadres d'huisserie, on ne marque le trait fixant la hauteur et celui de ravancement de feuillure que sur le premier montant. Sur les autres on ne porte que le trait marquant le niveau de plancher et les traits de largeur de la mortaise que sur le champ intérieur.

Marquage de portes ou lambris. — Quand les montants ou

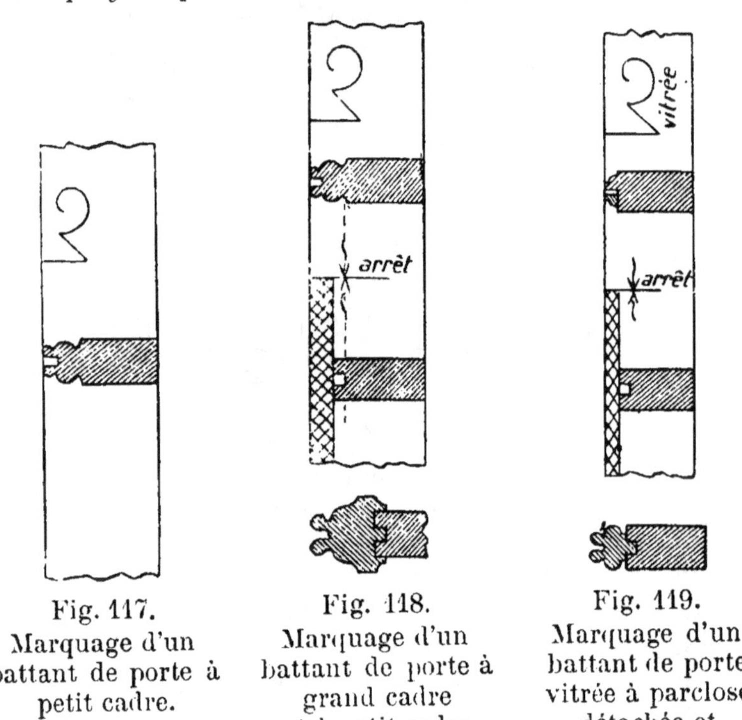

<table>
<tr><td>Fig. 117.
Marquage d'un
battant de porte à
petit cadre.</td><td>Fig. 118.
Marquage d'un
battant de porte à
grand cadre
et à petit cadre.</td><td>Fig. 119.
Marquage d'un
battant de porte
vitrée à parclose
détachée et
moulure rapportée.</td></tr>
</table>

battants ont le même profil sur toute leur longueur, en surplus de l'établissement on porte le profil (fig. 117) ; lorsque les montants sont sur une partie de leur hauteur à petit cadre et sur l'autre à grand cadre, il en résulte que pour mettre la partie intérieure des deux moulures sur une même ligne, si la largeur de la moulure à petit cadre ne s'accorde pas avec le fond de l'embrèvement qui doit recevoir la moulure à grand cadre, il faut un dérasement ramenant la partie du montant qui le demande à la largeur voulue pour que les moulures des deux cadres s'harmonisent ; on trace ce dérasement toujours par le milieu d'une mortaise pour qu'en ébarbant pour le ravancement de la traverse on enlève les deux finissages de toupillage, laissant la moulure et l'embrèvement bien nets de chaque côté de l'ébarbement ; la figure 118 donne un exemple pour marquer un dérasement qui raccorde une moulure à petit cadre avec une moulure à grand cadre, la partie hachée est faite pour être enlevée.

La porte vitrée à moulure rapportée dans la partie du bas (fig. 119) se marque dans le même genre ; dans le haut du même battant de porte vitrée est marquée une parclose à détacher dans le bois de la feuillure à verre. Dans les battants ou montants de portes ou lambris dérasés pour recevoir une moulure à petit cadre, il faut avoir la précaution de rapporter sur plat la largeur de traverse, pour guider par la suite pour la coupe de la moulure à petit cadre ; ces traits de largeur de traverse se relèvent sur le champ de la moulure une fois celle-ci fixée. Sur les battants de porte vitrée, il faut avoir le soin de marquer : vitrée, sur la partie qui doit l'être, cette remarque est pour attirer l'attention du machiniste.

Marquage des parties cintrées. — Quand on marque les bois de parties cintrées, il faut avoir soin de bien mentionner tout ce qu'on veut qui soit fait ; les machinistes ne font que ce qui est marqué ; si l'on a oublié de marquer, ce n'est pas peu de chose dans les cintres que de faire par exemple des mortaises en bois debout ou des moulures et embrèvements. Dans les cintres on relève à la pointe sèche les arasements sur les quatre côtés du bois et sur plat les coupes de moulure assez loin pour que la toupie n'enlève pas tout le tracé ; aux extrémités de cerce ou cintre, on laisse environ 15 millimètres de plus long que l'arasement, le fer de la toupie arrache parfois du bois dans les bouts de la cerce qui sont en bois entrecoupé. Pour le marquage à la craie bleue, on marque les profils comme pour les parties droites ; pour les mortaises, tenons et enfourchements, on les reproduit en contre-parement en pointillé à la craie ; ce pointillé attire l'attention du machiniste sur la forme ou inclinaison de l'assemblage ; quand on a des traverses arasées en pente

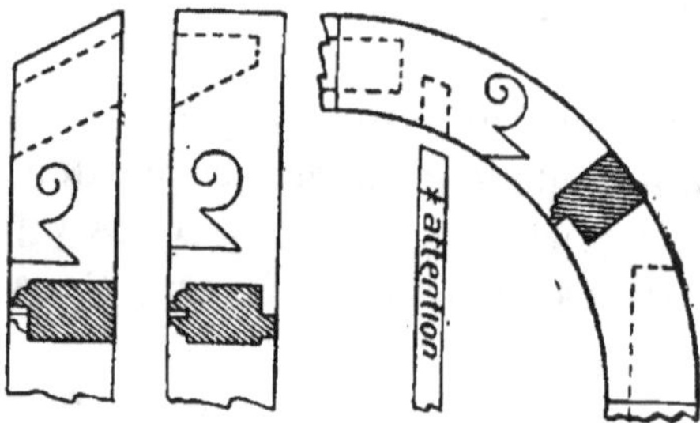

Fig. 120. — Marquages dans les parties obliques et cintrées.

contraire, en surplus du pointillé, on marque au bleu (attention d'araser bien suivant la pente) ; pour les panneaux on marque dessus (attention pour les plates-bandes, panneau allant à droite ou panneau allant à gauche).

La figure 120 nous représente des exemples pour marquer les parties cintrées et parties obliques.

Parties cintrées vitrées. — Dans les parties vitrées où il y a des parcloses, ces dernières ne peuvent être prises dans le bois de la feuillure, le machiniste ne pourrait pas les détacher à la scie ; on trace sur du feuillet d'épaisseur les parcloses à la courbe voulue pour s'ajuster exactement dans les

feuillures qui doivent les recevoir, on trace toujours quelques
parcloses en surplus du nombre nécessaire pour remplacer
celles qui pourraient se casser, ce qui arrive très souvent
dans le bois de faible dimension et entrecoupé, le machiniste débite les parcloses qui sont portées sur le feuillet et
leur pousse le profil.

Marquages divers. — Pour marquer sur un champ un
chanfrein ou une moulure à ne pousser que partiellement sur
la longueur, on trace les arrêts au crayon noir, puis on fait
un tracé à la craie bleue à l'emplacement du chanfrein ou
de la moulure jusqu'aux arrêts et on porte le profil (fig. 121).

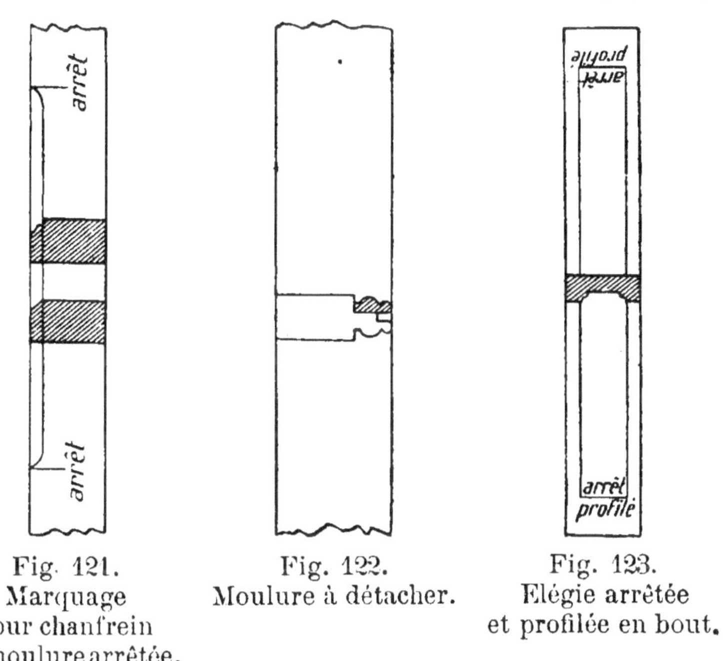

Fig. 121.
Marquage
pour chanfrein
ou moulure arrêtée.

Fig. 122.
Moulure à détacher.

Fig. 123.
Elégie arrêtée
et profilée en bout.

Pour fixer une vitre il arrive qu'on ait une moulure à
détacher dans un châssis de porte (fig. 122).

Elégie arrêtée et profilée en bout (fig. 123). — Si l'élégie
était sur toute la longueur on ne porterait que le profil.

Cymaises, plinthes, socles, etc., profilés dans les bouts. — On les colle deux à deux à chaque extrémité en ayant soin de mettre une feuille de papier au milieu du collage, afin de les décoller facilement une fois les moulures polies.

Préparation des bois pour tiroirs à queues d'arondes. — On ajuste tous les devants dans leur entrée, puis on fait un gabari pour les côtés et un gabari pour les derrières, sur ces gabaris on marque le nombre qu'il faut de chaque modèle ;

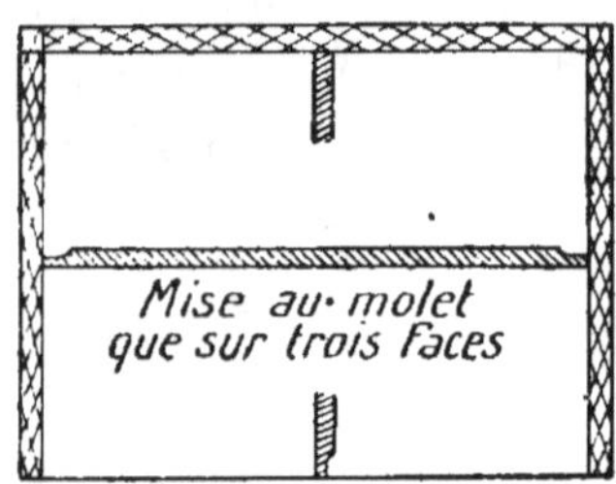

Fig. 124. — Marquage d'un fond de tiroir.

pour les fonds de tiroirs, on les cloue comme les panneaux de portes, par paquet de 5 ou 6, on trace les arasements sur celui de dessus (fig. 124), on mentionne (mise au molet que sur trois faces) pour que le machiniste ne les prennent pas pour des panneaux de lambris.

Bois pour envoyer au tourneur. — Pour les pieds ou colonnes, quand le bois est à peu près droit et d'équerre, on peut

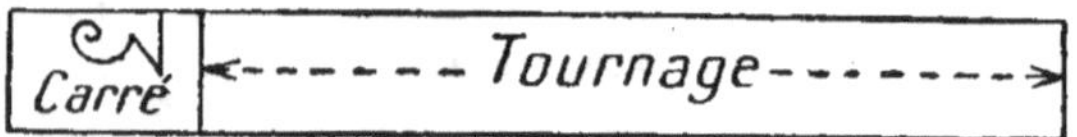

Fig. 125. — Marquage d'un pied pour envoyer au tourneur.

le faire tourner sans le corroyer, on ne travaille les carrés qu'au retour de chez le tourneur ; si le bois est tourmenté ou en faux équerre, on a tout intérêt à le corroyer, au moins sur deux faces, le temps passé se rattrape largement au finissage ; la figure 125 représente une face d'un pied de table marqué pour être envoyé au tourneur, le pied a été au préalable arasé de hauteur ; on joint au bois le dessin du tournage. Pour faire tourner des coins de moulures ou des appliques, on chantourne les cerces ou les appliques dans du bois d'épaisseur, on colle ensuite ces cerces ou appliques sur une planche en bois blanc, en ayant soin de mettre entre le collage une feuille de papier pour permettre de décoller le tournage, on joint au bois à tourner un bout de la moulure qui va en raccord. Pour faire sculpter des motifs allant en applique, on colle ces motifs comme il est dit plus haut, sur une planche en bois blanc dépassant de chaque côté le bois à sculpter, afin qu'on puisse fixer cette planche soit sur l'établi soit à l'étau sans toucher au bois à façonner.

CHAPITRE VI

RECETTES PRATIQUES POUR MENUISIERS

Dans la menuiserie, on teint quelquefois le bois, soit pour imiter d'autre bois que celui employé, soit pour satisfaire le goût du client ; on fait aussi du travail ciré ou verni ; nous allons mettre quelques recettes pour faire ces différentes choses.

Couleur de noyer. — Faire bouillir du brou de noix dans de l'eau.

Autre formule. — Faire une solution de permanganate de potasse, cette solution concentrée peut servir à teindre couleur palissandre.

Couleur acajou. — Faire une solution de chromate de zinc.

Couleur jaune. — Faire une solution de gaude à laquelle on ajoute quelques grammes de bicarbonate de soude.

Couleur rouge. — Faire bouillir 150 grammes de bois de Brésil et 35 grammes d'alun dans un litre de fort vinaigre, quand le liquide est réduit de moitié, on applique la solution à chaud sur le bois.

Couleur noire. — Dissoudre 15 grammes d'extrait de campêche dans un litre d'eau bouillante, ajouter ensuite 2 grammes de chromate de potasse ; la couleur du liquide ainsi obtenue est d'un très beau violet foncé, elle devient noire au contact du bois.

Autre formule. — Faire bouillir du bois de campêche dans de l'eau, quand la décoction est colorée, y mettre un peu d'alun en poudre ; appliquer le liquide sur le bois qui deviendra violet. Pour avoir la teinte noire, passer ensuite une infusion de limaille de fer dans du vinaigre très fort ou mieux dans de l'acide acétique, quinze jours sont nécessaires pour cette infusion. On applique en alternant des couches des deux solutions précédentes suivant qu'on veut le noir plus ou moins foncé.

Avant de passer ces teintures sur l'ouvrage ; on les essaie sur un bout de planche du même bois qu'on veut teindre ; après séchage, on concentre ou on dédouble la couleur suivant la teinte qu'on désire.

Encaustique. — Pour faire de l'encaustique on coupe d'abord la cire en morceaux très minces, comme des copeaux ; puis on les place dans un récipient que l'on couvre soigneusement après l'avoir rempli d'essence de térébenthine, trois ou quatre fois, on remue le mélange avec une spatule de bois blanc, et on laisse la dissolution se faire d'elle-même.

Encaustique rouge. — On fait infuser à froid pendant deux ou trois jours, 300 grammes d'orcanette dans un demi-litre d'essence de térébenthine, on passe à travers un linge ; avec un fer chaud qu'on tient au-dessus du récipient, on fait fondre de la cire jaune dans l'essence de térébenthine, on mélange le tout.

Encaustique à l'essence minérale. — On dissoud de la cire dans de l'essence minérale, on mélange avec une spatule ; cet encaustique est bon quand on est pressé de livrer, il sèche en très peu de temps ; aussitôt passé au pinceau on l'égalise avec un linge et à la brosse et on le fait briller au chiffon de laine ; on ne pourrait guère le ramener si on le laissait durcir ; cet encaustique ne vaut pas celui fait à l'essence de térébenthine.

Vernis au pinceau. — On fond sur un feu modéré 1 kilog de copal dans 100 grammes d'huile de lin, en agitant constamment on laisse cuire jusqu'à ce que le mélange soit épais, après l'avoir enlevé du feu on y ajoute un demi-litre d'essence de térébenthine.

Verni au tampon. — On laisse dissoudre 300 grammes de gomme laque en paillettes dans un litre d'alcool à 90°, on tient ce vernis dans une bouteille bien fermée, on agite la bouteille de temps en temps pour faciliter la dissolution de la gomme laque.

Pour détacher le bois ayant des points noirs produits par le contact de l'eau ou de l'encre. — On imbibe ces points avec du sel d'oseille qui les dissout.

Pour nettoyer les meubles cirés. — On les lave à chaud à l'eau de potasse; on a le soin de les laver ensuite à l'eau claire pour enlever les dépôts que la potasse laisserait.

Pour enlever la peinture. — On enduit la peinture d'essence de térébenthine chaude, qui la dissout, et qu'on enlève ensuite facilement avec un lavage à l'eau de potasse et à l'eau ordinaire.

En terminant ce petit livre, nous pensons pouvoir être utile à l'apprenti et au jeune ouvrier. nous tenons à faire remarquer que pour faire un bon ouvrier, il faut être jaloux du bien fini de son travail et surtout de ne pas se laisser décourager par les difficultés pouvant se présenter.

TABLE DES MATIÈRES

DEUXIÈME PARTIE

CHAPITRE III

CHAPITRE IV

TROISIÈME PARTIE

CHAPITRE V

CHAPITRE VI